ISBN 1-930044-12-7

Foto de la portada proporcionada por **Honeywell International**.

Impreso en los Estados Unidos de América
7 6 5 4 3 2 1

La Coalición de seguridad de AC&R desarrolla y establece las prácticas del trabajo seguro y paradigmas para el personal de Calefacción, Ventilación, Aire Acondicionado y Refrigeración. Esto se logra a través de los programas de educación, capacitación y certificación que tratan las necesidades de seguridad de nuestra industria.

Miembros fundadores:

Seguridad universal del R-410A

Prefacio

Este manual de certificación se escribió para ayudar a la capacitación y certificación de los técnicos de HVACR en la seguridad, el manejo y la aplicación adecuados del refrigerante R-410A. Dos miembros actuales y un miembro emérito de la facultad del Departamento de HVACR de la Universidad Ferris State escribieron el manual.

El programa se escribió con la convicción de que la solución para la transición de lograr refrigerantes y aceites ambientalmente más seguros, al mismo tiempo que mantiene al público y a los técnicos protegidos contra daños, es la educación y capacitación. Este programa de valor agregado contiene aplicaciones prácticas acerca de la tecnología para el sistema de refrigeración y aire acondicionado, fundamentos de refrigerantes y aceites y las características del R-410A, un refrigerante que merece una consideración de seguridad.

Este proyecto se realizó con la colaboración de varios fabricantes y asociaciones, los cuales en su mayoría se mencionan con reconocimientos en este manual. Su ayuda hizo que las soluciones y partes de seguridad de este manual fuesen posibles. Al momento de su impresión, la información sobre los refrigerantes y aceites era toda la tecnología actual.

Reconocimientos bibliográficos

Deseamos agradecer a las siguientes organizaciones, cuyo material utilizado en la investigación hizo posible este proyecto.

Air Conditioning Contractors of America (ACCA)
Air Conditioning and Refrigeration Institute (ARI)
Amana
The Air Conditioning, Heating and Refrigeration News
American Society of Heating, Refrigeration & Air Conditioning Engineers, Inc. (ASHRAE)
Blissfield Manufacturing Company
Bohn Heat Transfer Company
BVA Oils
Carlyle
Carrier
Castrol
Chevron
Copeland
Danfoss, Inc.
The Delfield Company
Departmento de Transporte
DuPont Chemicals
Environmental Protection Agency (EPA)
ESCO Institute (Educational Standards Corp)
Frigidaire Company
General Motors
Goodman Manufacturing
Honeywell
HVAC Excellence
Industrial Technology Excellence (ITE)
Johnson Controls
Lennox
Merit Mechanical Systems, Inc.
Mobil
National Refrigerants
Newsweek
Plumbing Heating and Cooling Contractors (PHCC)
Refrigeration Research, Inc.
Refrigeration Service Engineers Society (RSES)
Rheem
Rhuud
Ritchie Engineering
Robinair (SPX)
Scientific American
Tecumseh Corporation
Thermal Engineering Company
TIF Corporation (SPX)
Time
Trane
York

Índice

Secciones

I R-410A y descontinuación del R-22

II Fundamentos de los sistemas de refrigeración y aire acondicionado

III Química y aplicaciones del refrigerante

IV Aceites refrigerantes y sus aplicaciones

V Seguridad

VII Apéndice II

R-410A y descontinuación del R-22

1

Historial:

Es ampliamente aceptado que los refrigerantes a base de cloro contribuyen con la reducción del ozono estratosférico de la tierra. En años recientes, la industria del aire acondicionado y refrigeración ha apoyado los esfuerzos globales para hacer una transición al uso de refrigerantes más seguros que no contengan cloro. En los países en desarrollo del mundo, el refrigerante CFC-12 (R-12), que se utilizó ampliamente desde 1930, ahora está descontinuado y se reemplazó por los refrigerantes que no reducen el ozono. Los HCFC (incluyendo el R-22) que se han utilizado ampliamente en las aplicaciones para aire acondicionado y refrigeración desde 1940, también están descontinuados. Los cambios tecnológicos que continúan evolucionando con los refrigerantes, el diseño del compresor, los aceites de refrigeración altamente refinados y la eficiencia mejorada, son verdaderamente revolucionarios. Los retos que enfrenta la industria de refrigeración y aire acondicionado continúan apareciendo mientras que proporcionados enfriamiento, comodidad y preservación de alimentos industriales y la "calidad de vida" necesaria para nuestra sociedad. Este manual trata uno de estos retos; la transición del R-22 al R-410A.

Con base en la teoría de Molina-Rowland de 1974, de que el cloro y el bromo eran los responsables de la reducción de la capa de ozono de la tierra que nos protege contra la radiación ultravioleta, se han tomado varias acciones globales para revertir este problema ambiental. Veamos algunos de estas acciones significativas:

- En 1978 EE.UU. prohíbe todos los aerosoles no esenciales que contienen cloro o bromo.
- En 1978 empiezan a surgir las preocupaciones por el calentamiento global.
- En 1987, EE.UU. y otros 22 países firman el Protocolo de Montreal original que establece cronogramas y programas de descontinuación para los CFC y HCFC.
- En 1990, la Ley del aire limpio (CAA, por sus siglas en inglés) se firmó en EE.UU. para el uso de refrigerantes, reducciones de producción, reciclaje y reducción de emisiones y la descontinuación eventual de los CFC y HCFC.
- En 1992, se establece como ilegal liberar los CFC y HCFC en la atmósfera.
- En 1994, se requiere una certificación técnica para comprar y utilizar los CFC y HCFC.
- En 1995, se estableció como ilegal liberar refrigerantes alternativos (sustitutos) tales como los HFC en la atmósfera.
- En 1996, se descontinuó la producción de refrigerantes de CFC en EE.UU.
- En 1996, se redujeron los niveles de producción de HCFC.
- En 1997, se estableció el Protocolo de Kyoto en respuesta a las inquietudes por el calentamiento global.
- En 2010, se descontinuó el uso de HCFC-22 (R-22) para el equipo nuevo.
- En 2020, se descontinuará la producción del HCFC-22.

Programa de descontinuación del HCFC

Las siguientes declaraciones en itálica están resumidas
y se volvieron a imprimir del sitio Web de EPA de EE.UU.

Todos los países desarrollados que son Miembros del Protocolo de Montreal están sujetos a un límite de su consumo de hidrocloroflurocarbonos (HCFC).

El consumo está calculado por la siguiente fórmula:

consumo = producción más importaciones menos exportaciones.

El límite se establece en el 2.8% del consumo de clorofluorocarbonos de ese país desde 1989 + 100% del consumo de HCFC de ese país desde 1989. (Las cantidades de químicos medidas bajo el límite son ponderadas por ODP, lo que significa que cada contribución relativa del químico a la reducción del ozono se toma en cuenta.)

Bajo el Protocolo de Montreal, EE.UU. y otros países desarrollados están obligados a alcanzar cierto porcentaje de progreso hacia la descontinuación total de los HCFC, en determinadas fechas. Estas naciones utilizan el límite como una referencia para medir su progreso hacia el cumplimiento de estas metas de porcentaje.

La siguiente tabla muestra el programa de EE.UU. para la descontinuación del uso de HCFC según los términos del Protocolo. La Agencia pretende cumplir los límites establecidos bajo el Protocolo al acelerar la descontinuación de HCFC-141b, HCFC-142b y HCFC-22. Estos son los HCFC más dañinos. Al eliminar estos químicos en las fechas especificadas, la Agencia considera que cumplirá con los requisitos establecidos por los Miembros del Protocolo. La tercera y cuarta columnas de la tabla muestran cómo los Estados Unidos cumplirá con las obligaciones internacionales descritas en las primeras dos columnas.

Debido a que los niveles de producción se basan en los límites, los niveles de producción en aumento de los HCFC han activado una descontinuación acelerada de algunos HCFC por parte de los fabricantes del nuevo equipo de aire acondicionado, antes del programa de descontinuación establecido.

TABLA DE DESCONTINUACIÓN

Protocolo de Montreal		Estados Unidos	
Año en el cual los países desarrollados deben alcanzar % de reducción en el consumo	% de reducción en el consumo usando el límite como una referencia	Año a implementarse	Implementación de la descontinuación del HCFC por medio de los reglamentos de la Ley de aire limpio
2004	35.0%	2003	No más producción ni importación del HCFC-141b
2010	65%	2010	No más producción ni importación del HCFC-142b y HCFC-22, excepto para el uso en equipo fabricado antes del 1/1/2010 (así que no más producción ni importación del equipo NUEVO que utiliza estos refrigerantes)
2015	90%	2015	No más producción ni importación de cualquier HCFC, excepto para el uso de refrigerantes en el equipo fabricado antes del 1/1/2020
2020	99.5%	2020	No más producción ni importación del HCFC-142b y HCFC-22
2030	100%	2030	No más producción ni importación de cualquier HCFC

Debido a la presión ambiental y competitiva, los HCFC se están descontinuando. En respuesta a esto, varios fabricantes están creando equipo de aire acondicionado por medio de R-410A a base de HFC. Es importante que los contratistas y técnicos comprendan la seguridad, el manejo seguro, la carga adecuada, las características de funcionamiento y las aplicaciones adecuadas de esta mezcla de refrigerante.

A medida que nos acercamos a la siguiente etapa y cumplimos con estas cláusulas y reglamentos globales y nacionales que solicitan la eliminación de todas las sustancias que reducen el ozono, debemos prepararnos a nosotros mismos.

Regulación y cambio:

Las presiones públicas que surgieron en el Protocolo de Montreal y los reglamentos impuestos por la CAA han dado como resultado, la transición de nuestra industria a los refrigerantes más seguros. Otros múltiples factores tales como el calentamiento global, la utilización de energía, los desarrollos en el diseño del compresor y aceites para refrigeración también continúan generando cambios.

El calentamiento global es un reto que probablemente reciba una mayor atención a medida que nuestra industria cambia al uso de refrigerantes más nuevos y equipo más eficiente. El Protocolo de Kyoto que se estableció en 1997 solicita la reducción de los gases de efecto invernadero en un promedio de 5.23% a partir de los niveles de 1990 en los países en desarrollo. Mientras que solo algunas naciones han ratificado el Protocolo de Kyoto, muchos países están reaccionando fuertemente y nuestra industria puede ser desafiada a buscar refrigerantes alternativos que reduzcan el calentamiento global. Las medidas del calentamiento global tales como el Impacto total del calentamiento equivalente (TEWI, por sus siglas en inglés) toman en consideración los efectos directos e indirectos del calentamiento global y pueden representar una mayor parte en la selección de nuevos refrigerantes y en el desempeño del sistema.

El desarrollo del compresor de espiral y la rápida adopción del compresor alternativo han abierto la puerta a los nuevos refrigerantes y han facilitado más el reto para nuestra industria. El compresor de espiral no solo es más eficiente, sino también puede soportar presiones considerablemente más altas que son inherentes al R-410A.

Algunos años atrás, el Departamento de Energía de EE.UU. solicitó que las eficiencias del aire acondicionado aumentaran de 10 SEER (Seasonal Energy Efficiency Ratio) (Índice de eficiencia de energía estacional) a 13 SEER o más.

Se debe tomar en cuenta el impacto directo e indirecto del R-410A en el calentamiento global. El impacto directo del R-410A es el que tiene un potencial de calentamiento global (GWP, por sus siglas en inglés) ligeramente mayor que el R-22. El impacto indirecto del R-410A ocurre debido a la mayor eficiencia, los sistemas del R-410A utilizan menos energía, con lo cual se reducen las emisiones de dióxido de carbono de las plantas eléctricas. El TEWI debe ser menor. Probablemente la presión aumentará en nuestra industria no solo para cambiar a los refrigerantes más seguros sino también para reducir aún más las emisiones de refrigerantes, producir equipo más eficiente y mantener estos sistemas en su nivel óptimo de eficiencia. Ese es nuestro reto.

La Ley federal de aire limpio requiere la descontinuación del R-22 a base de HCFC sin más producción ni importación a partir del año 2020. Sin embargo, los fabricantes del equipo de aire acondicionado descontinuaron el uso del R-22 a base de HCFC en el equipo nuevo a partir del 1 de enero de 2010. Los sistemas recién diseñados que contienen el R-410A, utilizan tuberías de paredes más gruesas, compresores y componentes recién diseñados y un aceite de grado superior que requiere procedimientos diferentes de instalación y servicio.

El futuro:

Los HFC tales como R-410A, R-407C, R-404A, R-407A, R417A, R422B, R-422C, R-422D, R-427A y R-134a son los refrigerantes a elegir para esta generación. Estos refrigerantes solucionan el problema inicial de la reducción del ozono estratosférico, pero tienen un potencial de calentamiento global (GWP) significativo.

Algunos otros refrigerantes naturales que no tienen impacto ambiental directo son el amoníaco NH3 (R-717), dióxido de carbono CO2 (R-744) y propano HC (R-290). Tanto el amoníaco como el propano tienen ODP cero y GWP muy bajos, pero son inflamables.

Es importante que reconozcamos esto como un proceso de evolución. A medida que continuamos la transición al R-410A y a estos otros refrigerantes, podríamos ver cambios tecnológicos y presiones que traerían refrigerantes más recientes o naturales más antiguos al uso común, agregando aún más transiciones.

Los reglamentos de la CAA prohíben liberar los refrigerantes de HFC y podemos esperar un mayor énfasis en las áreas de contención de refrigerantes y reciclaje de todos los refrigerantes. Con una atención mayor en el calentamiento global y cambio climático, podremos ver una nueva familia de refrigerantes y cambios en los sistemas de refrigeración y aire acondicionado. La escasez de energía, junto con las cuentas por servicios públicos de mayor costo pueden ocasionar una mayor demanda de procedimientos de mantenimiento y servicio que garanticen que los sistemas de HVACR funcionen con un desempeño óptimo.

Seguridad y R-410A:

El R-410A es una mezcla binaria (de dos partes) casi azeotrópica y en la actualidad se vende bajo los nombres comerciales de AZ-20 "Puron" or "Suva.." El capítulo 3, "Química y aplicaciones del refrigerante" de este manual ofrece una buena base y explicación de las propiedades del R-410A.

Estos sistemas de aire acondicionado a base de R-410A recién fabricados requerirán que los contratistas y técnicos cambien a diferentes herramientas, equipo y normas de seguridad al instalar o cambiar (modificar) los sistemas de A/C divididos anteriores y al reparar los sistemas en el campo. El capítulo 5, "Seguridad" proporcionará el historial, fundamento y procedimientos para realizar este cambio.

Debemos saber que el R-410A solo se puede utilizar en equipo específicamente diseñado y fabricado para el R-410A. Los sistemas de R-22 no se pueden modificar, sin las actualizaciones de los componentes principales, al R-410A. Debemos saber que el R-410A funciona con presiones considerablemente superiores y porqué se necesitan cilindros, medidores y equipo de recuperación especiales. Más importante aún, debemos saber cómo manejar el R-410A de forma segura. Debido a que el R-410A utiliza aceites a base de Poliolester (POE) y no aceite mineral, debemos saber cómo instalar y dar servicio correctamente a estos sistemas que no toleran tanto la humedad.

El R-410A funciona con presiones significativamente superiores y mayor capacidad de refrigeración. Es importante saber porqué todos los controles de flujo del refrigerante, dispositivos de alimentación, secadores y compresores están específicamente diseñados para el R-410A.

Las secciones siguientes lo prepararán para la finalización exitosa de la "Certificación de R-410A de la coalición de seguridad de AC&R". Esta certificación mostrará evidencia de su capacidad profesional para manejar y trabajar de forma segura con esta nueva generación de refrigerantes.

Objetivos

Después de completar esta sección estará capacitado para:

- Describir la presión de condensación y evaporación.
- Explicar los estados de líquido y vapor de los refrigerantes.
- Describir un vapor sobrecalentado y un líquido subenfriado.
- Enumerar los componentes del sistema básico de compresión de vapor.
- Demostrar la fórmula para calcular la relación de compresión.
- Seleccionar los componentes adecuados a utilizar con el refrigerante de presión más alta R-410A.

Sistema de refrigeración por compresión de vapor

La refrigeración se define como esa rama de la ciencia que trata con el proceso de reducir y mantener la temperatura de un espacio o materiales por debajo de la temperatura ambiente. Para lograr esto, el calor se debe retirar del cuerpo refrigerado y transferir a otro cuerpo.

El sistema de refrigeración por compresión de vapor típico que se muestra en la **figura 2-1** se puede dividir en dos presiones: condensación (lado superior) y evaporación (lado inferior). Estas presiones se dividen o separan en el sistema por medio de la válvula de descarga del compresor y del dispositivo de medición. Enumerados en la tabla siguiente, están los términos de servicio de campo que con frecuencia se utilizan para describir estas presiones.

Presión de condensación

La presión de condensación es la presión en la cual el refrigerante cambia de estado de un vapor a un líquido. Este cambio de fase se conoce como *condensación.* Esta presión se puede leer directamente desde un manómetro conectado a cualquier parte entre la válvula de descarga del compresor y la entrada hacia el dispositivo de medición, asumiendo que hay una caída de presión insignificante. En realidad, la fricción entre la línea y válvula y el peso del líquido mismo ocasionan que la presión disminuya de la descarga del compresor al dispositivo de medición. Si se requiere la presión de condensación verdadera, el técnico debe medir la presión tan cerca como se pueda del condensador para evitar que esta presión disminuya. Esta presión con frecuencia se mide en sistemas más pequeños cerca de las válvulas del compresor. En los sistemas pequeños, no es indispensable donde un técnico coloca el manómetro (siempre y cuando esté en el lado superior del sistema), ya que las disminuciones en la presión son insignificantes. El manómetro lee lo mismo sin importar donde esté en el lado superior del sistema si las pérdidas de la línea y válvula son insignificantes.

Presión de condensación	Presión de evaporación
Presión del lado superior	Presión del lado inferior
Presión de elevación	Presión de succión
Presión de descarga	Contrapresión

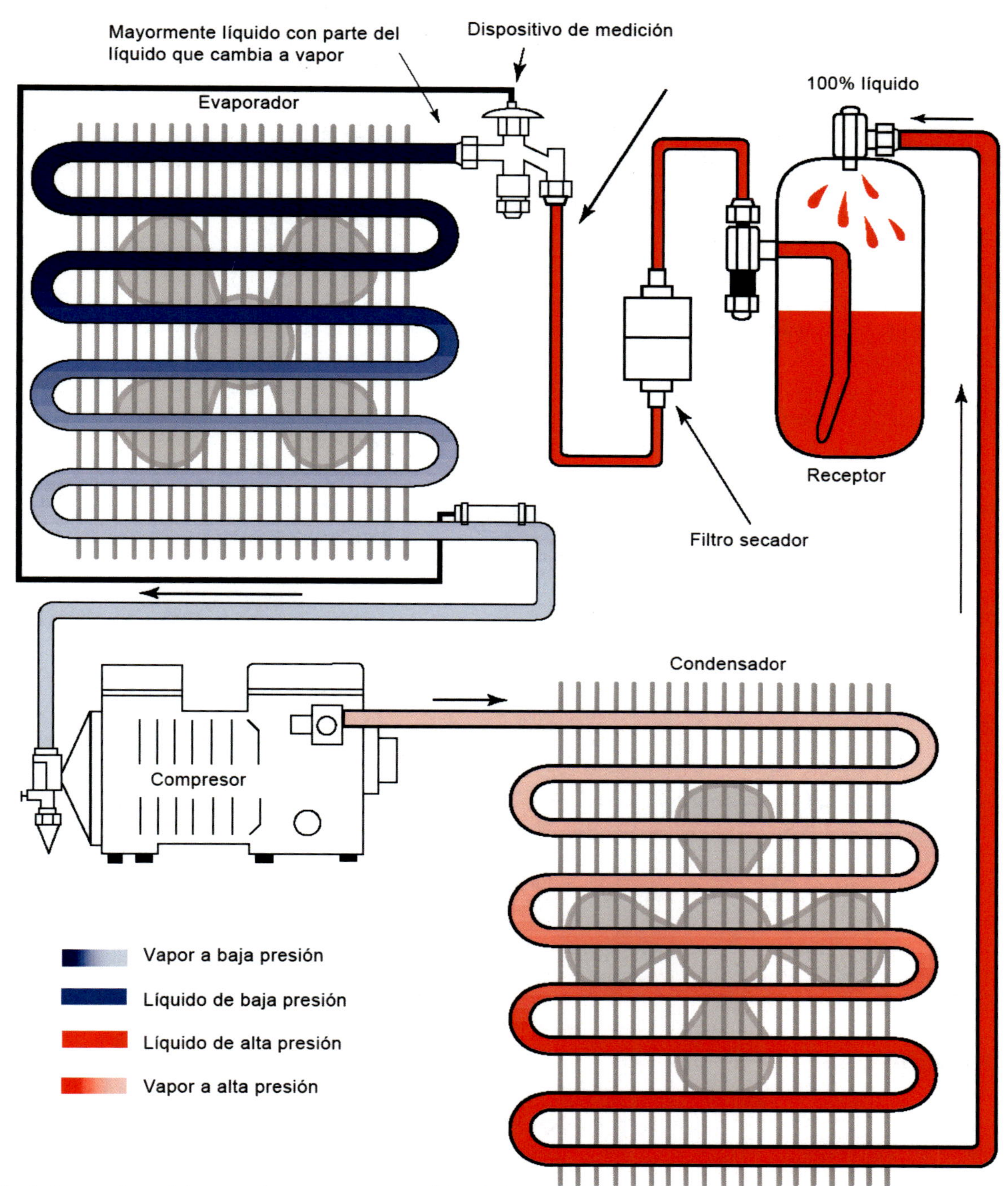

El sistema de refrigeración por compreción típico

Fig. 2-1

Presión de evaporación

La presión de evaporación es la presión en la cual el refrigerante cambia de estado de un líquido a un vapor. Este cambio de fase se conoce como evaporación o vaporización. Un manómetro colocado en cualquier lugar entre la salida del dispositivo de medición y el compresor (incluyendo el cárter del cigüeñal del compresor) leerá la presión de evaporación. Otra vez, se asumen las caídas de presión insignificantes. En realidad, habrá caídas de presión de la línea y válvula a medida que el refrigerante pasa por el evaporador y línea de succión.

El técnico debe medir la presión tan cerca como se pueda del evaporador para obtener una presión de evaporación verdadera. En los sistemas pequeños donde las caídas de presión son insignificantes, esta presión por lo general se mide cerca del compresor. La colocación del medidor en los sistemas pequeños por lo general no es crítica siempre y cuando se coloque en el lado inferior del sistema de refrigeración, ya que la presión de vapor del refrigerante actúa igual en todas las direcciones. Si las caídas de presión de la línea y válvula se vuelven sustanciales, la colocación del medidor se vuelve crítica. En sistemas más grandes y más sofisticados, la colocación del medidor es más importante debido a las pérdidas de presión de la línea y válvula relacionadas. Si el sistema tiene pérdidas de presión significativas de línea y válvula, el técnico debe colocar el medidor tan cerca como sea posible del componente que requiere una lectura de presión.

Estados y condiciones del refrigerante

Los refrigerantes modernos existen en el estado de vapor o líquido. Los refrigerantes tienen tales puntos bajos de congelación que pocas veces se encuentran en el estado congelado o sólido. Los refrigerantes pueden coexistir como vapor y líquido siempre y cuando las condiciones sean las correctas. Tanto el evaporador como el condensador retienen el refrigerante líquido y en vapor simultáneamente si el sistema funciona de manera adecuada. El líquido y vapor del refrigerante pueden existir en los lados de alta y baja presión del sistema de refrigeración.

Junto con las presiones y los estados del refrigerante están las condiciones del refrigerante. Las condiciones del refrigerante pueden ser ***saturado, sobrecalentado*** o ***subenfriado.***

Saturación

La saturación por lo general se define como una temperatura. La temperatura de saturación es la temperatura en la cual un fluido cambia de líquido a vapor o de vapor a líquido. En la temperatura de saturación, el líquido y vapor se conocen como líquido saturado y vapor saturado, respectivamente. La saturación ocurre en el evaporador y condensador. En la saturación, el líquido experimenta su máxima temperatura para la presión y el vapor experimenta su temperatura mínima. Sin embargo, tanto el líquido como vapor están en la misma temperatura para determinada presión cuando ocurre la saturación. Las temperaturas de saturación varían con diferentes refrigerantes y presiones. Todos los refrigerantes tienen distintas presiones de vapor. Es la presión del vapor la que se mide con un manómetro.

Presión de vapor

La presión del vapor es la presión que se ejerce en un líquido saturado. Siempre que el líquido y vapor saturados están juntos (como en el condensador y evaporador), se genera la presión del vapor. La presión del vapor actúa igual en todas las direcciones y afecta el lado inferior o alto completo de un sistema de refrigeración.

A medida que la presión aumenta, la temperatura de saturación aumenta; a medida que la presión disminuye, la temperatura de saturación disminuye. Solo en la saturación hay relaciones de presión/temperatura para los refrigerantes. La **Tabla 2-1** muestra la relación de presión/temperatura en la saturación para el refrigerante R-134a. Si alguien intenta elevar la temperatura de un líquido saturado por arriba de su temperatura de saturación, la vaporización del líquido se llevará a cabo. Si alguien intenta disminuir la temperatura de un vapor saturado por debajo de su temperatura de saturación, ocurrirá la condensación. Tanto la vaporización y condensación ocurren en el evaporador y condensador, respectivamente.

La energía del calor que ocasiona que un refrigerante líquido cambie a un vapor a una temperatura de saturación constante para determinada presión es conoce como *calor latente*. El calor latente es la energía de calor que hace que una sustancia cambie de estado sin cambiar la temperatura de la sustancia. La vaporización y condensación son ejemplos de un proceso de calor latente.

Sobrecalentamiento

El sobrecalentamiento siempre se refiere a un vapor. Un vapor sobrecalentado es cualquier vapor que está por encima de su temperatura de saturación para determinada presión. Para que el vapor se sobrecaliente, debe haber alcanzado su punto de vapor 100% saturado. En otras palabras, todo el líquido se debe vaporizar para que ocurra el sobrecalentamiento; el vapor se debe retirar desde el contacto con el líquido de vaporización. Una vez que todo el líquido se ha vaporizado en su temperatura de saturación, cualquier adición de calor ocasiona que el vapor 100% saturado inicie el sobrecalentamiento. Esta adición de calor ocasiona que el vapor aumente en temperatura y obtenga un calor sensible. El calor sensible es la energía de calor que provoca un cambio en la temperatura de una sustancia. La energía de calor que sobrecalienta el vapor y aumenta su temperatura es la energía de calor sensible. El sobrecalentamiento es un proceso de calor sensible. El vapor sobrecalentado ocurre en el evaporador, línea de succión y compresor.

Temperatura (°F)	Presión (psig)	Temperatura (°F)	Presión (psig)
-10	1.8	25	21.7
-9	2.2	26	22.4
-8	2.6	27	23.2
-7	3.0	28	24.0
-6	3.5	29	24.8
-5	3.9	30	25.6
-4	4.4	31	26.4
-3	4.8	32	27.3
-2	5.3	33	28.1
-1	5.8	34	29.0
0	6.2	35	29.9
1	6.7	40	34.5
2	7.2	45	39.5
3	7.8	50	44.9
4	8.3	55	50.7
5	8.8	60	56.9
6	9.3	65	63.5
7	9.9	70	70.7
8	10.5	75	78.3
9	11.0	80	86.4
10	11.6	85	95.0
11	12.2	90	104.2
12	12.8	95	113.9
13	13.4	100	124.3
14	14.0	105	135.2
15	14.7	110	146.8
16	15.3	115	159.0
17	16.0	120	171.9
18	16.7	125	185.5
19	17.3	130	199.8
20	18.0	135	214.8
21	18.7		
22	19.4		
23	20.2		
24	20.9		

Tabla 2-1
Tabla de presión/temperatura del vapor/líquido saturados de R-134a

Subenfriamiento

El subenfriamiento siempre se refiere a un líquido que está a una temperatura que es menor a su temperatura de saturación para determinada presión. Una vez que todo el vapor cambia de estado a líquido 100% saturado, la eliminación adicional de calor ocasionará que el 100% de líquido disminuya de temperatura o pierda el calor sensible. Se genera el líquido subenfriado. El subenfriamiento puede ocurrir en el condensador y línea de líquido y es un proceso de calor sensible.

Tener conocimiento completo de las presiones, los estados y las condiciones del sistema de refrigeración básico permite al técnico de servicio ser un buen solucionador de problemas sistemáticos. No es hasta ese momento que un técnico de servicio debe intentar solucionar el problema sistemático.

Componentes básicos del sistema de refrigeración

Compresor

Una de las principales funciones del compresor es hacer circular el refrigerante. Sin el compresor como una bomba de refrigerante, el refrigerante no podría llegar a otros componentes del sistema para realizar las funciones de transferencia de calor. (**Fig. 2-2**) El compresor también separa la presión alta del lado de baja presión del sistema de refrigeración. Una diferencia en la presión es obligatoria para el flujo de fluido (gas o líquido) y no existiría el flujo de refrigerante sin esta separación de presión.

Otra función del compresor es elevar o aumentar la temperatura del vapor de refrigerante por arriba de la temperatura ambiente (circundante). Esto se logra al agregar trabajo o calor de compresión, al vapor del refrigerante durante el ciclo de compresión. La presión del refrigerante se eleva, así como su temperatura. Al elevar la temperatura del refrigerante por arriba de la temperatura ambiente, el calor absorbido en el evaporador y línea de succión y cualquier calor de compresión generado en la fase de compresión puede ser rechazado por esta temperatura ambiente más baja. La mayor parte del calor se rechaza en la línea de descarga y en el condensador. Recuerde, el calor fluye de caliente a frío y debe haber una diferencia de temperatura para que cualquier transferencia de calor se lleve a cabo. El aumento de temperatura del refrigerante durante la fase de compresión una medida de la energía cinética interna aumentada, que agrega el compresor.

El compresor también comprime los vapores del refrigerante, el cual aumenta la densidad del vapor. Este aumento en la densidad ayuda a empacar las moléculas del gas refrigerante entre sí, lo cual ayuda a la condensación o licuación de las moléculas del gas refrigerante en el condensador una vez que la cantidad correcta de calor es rechazada en el ambiente. La compresión de los vapores durante la fase de compresión en realidad está preparando los vapores para la condensación o licuación.

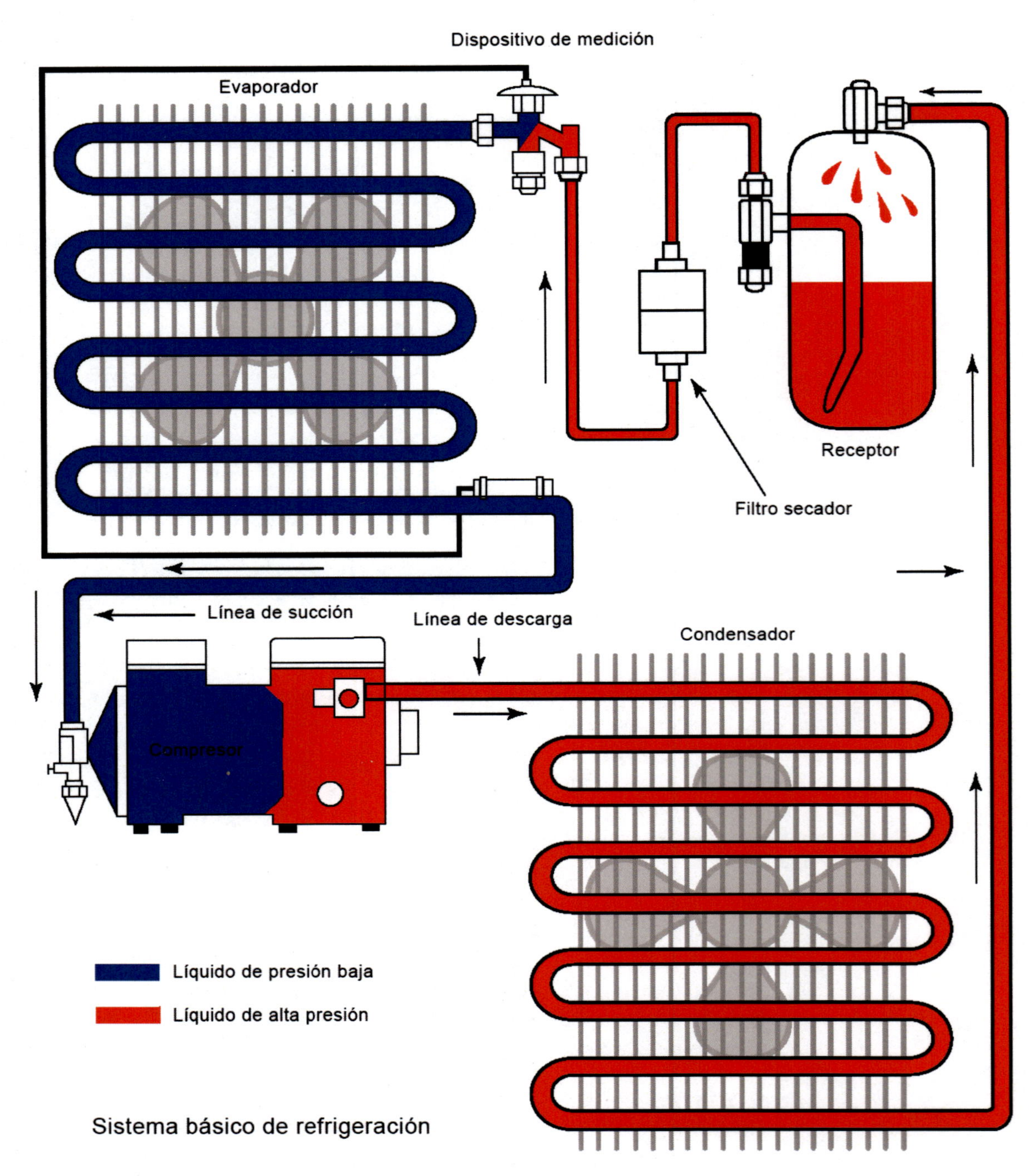
Dispositivo de medición
Evaporador
Receptor
Filtro secador
Línea de succión
Línea de descarga
Condensador
Compresor
Líquido de presión baja
Líquido de alta presión
Sistema básico de refrigeración

Fig. 2-2

Relación de compresión

La relación de compresión es el término utilizado con los compresores para describir la diferencia entre los lados inferior y superior del ciclo de compresión. Al conocer la relación de compresión, un técnico puede decir cómo un sistema funciona eficientemente. Cuando la relación de compresión es baja, se experimentará un menor consumo de energía y mayores eficiencias. La relación de compresión se calcula de la siguiente manera en

Ecuación N.º 1

$$\textit{Relación de compresión} = \frac{\textit{Presión de descarga absoluta}}{\textit{Presión de succión absoluta}}$$

La razón por la que se utilizan las presiones absolutas en lugar de las presiones manométricas en la ecuación de la relación de compresión es mantener la relación de compresión en un número positivo y significativo (es decir, si la presión de succión se convierte en vacío). Recuerde, las presiones absolutas son simplemente presiones manométricas más la presión atmosférica (**Ecuación N.º 2**). Una relación de compresión de 7 a 1 (7:1) simplemente implica que la presión de descarga es 7 veces mayor que la presión de succión. Como se puede dar cuenta, un aumento en la presión de descarga o una disminución en la presión de succión hará que la relación de compresión sea mayor y que el sistema sea menos eficiente. Como se puede dar cuenta, un aumento en la presión de descarga o una disminución en la presión de succión harán que la relación de compresión sea mayor y que el sistema sea menos eficiente. Las presiones de funcionamiento del lado superior e inferior son de aproximadamente 50% a 70% mayores para los sistemas R-410A cuando se comparan con los sistemas R-22. Esto da como resultado relaciones de compresión y consumo de energía similares para los dos refrigerantes.

Ecuación N.º 2

Presión absoluta =(Presión manométrica + Presión atmosférica)

Consideraciones del R-410A

Los fabricantes han rediseñado sus compresores con grosores aumentados de pared debido a las presiones superiores relacionadas con el R-410A. **(Un compresor diseñado para el R-22 nunca se debe utilizar con el R-410A)** Además las configuraciones de alivio de presión interna del compresor (IPR) son diferentes para los sistemas de R-22 y R-410A. El IPR se abrirá a una presión de 375-450 psig para los sistemas de R-22 y a una presión de 550-625 psig para los sistemas de R-410A. Aunque las presiones de succión y descarga son del 50 al 70% mayores con el R-410A en comparación con el R-22, la temperatura de descarga del R-410A es menor debido a su capacidad de calor de vapor superior.

Los sistemas que utilizan el R-410A requerirán un cambio en los ajustes del interruptor de presión alta y baja debido a la presión aumentada del refrigerante. (Ahora se utilizan los controles de restablecimiento automático). El interruptor de presión alta ahora se abrirá a 610 psig o menos 10 psig y se cerrará en 500 psig más o menos 15 psig. El control de baja presión se abrirá en 50 psig.

Línea de descarga

Una función de la línea de descarga es llevar el vapor sobrecalentado de presión alta desde la válvula de descarga del compresor hasta la entrada del condensador. La línea de descarga también actúa como un de-recalentador, enfriando los vapores sobrecalentados que el compresor ha comprimido y sacando ese calor al ambiente (entorno). Estos vapores comprimidos contienen todo el calor que el evaporador y línea de succión han absorbido, junto con el calor de compresión de la fase de compresión. Cualquier calor generado de bobinado del motor también se puede contener en el refrigerante de la línea de descarga, razón por la cual el inicio de la línea de descarga es la parte más caliente del sistema de refrigeración. En los días cálidos cuando el sistema está bajo una carga alta y puede tener un condensador sucio, la línea de descarga puede llegar a más de 400° F. Al quitar el sobrecalentamiento del refrigerante, los vapores se enfriarán según la temperatura de saturación del condensador. Una vez que los vapores alcancen la temperatura de saturación de condensación de esa presión, se llevará a cabo la condensación del vapor a líquido a medida que se pierda más calor.

Condensador

Los primeros pasos del condensador quitan el sobrecalentamiento de los gases de la línea de descarga. Esto prepara los vapores sobrecalentados de presión alta que salen de la línea de descarga para la condensación o el cambio de fase de gas a líquido. Recuerde, estos gases sobrecalentados deben perder todo su sobrecalentamiento antes de alcanzar la temperatura de condensación para determinada presión de condensación. Una vez que los pasos iniciales del condensador han rechazado suficiente sobrecalentamiento y que la temperatura de condensación o saturación se ha alcanzado, estos gases se conocen como vapor 100% saturado. Después se dice que el refrigerante ha alcanzado el punto de vapor 100% saturado, punto N.° 2, **figura 2-3.**

Una de las funciones principales del condensador es condensar el vapor a líquido refrigerante. La condensación depende del sistema y por lo general se lleva a cabo en los dos tercios inferiores del condensador. Una vez que la temperatura de saturación o condensación se alcanza en el condensador y el gas refrigerante ha llegado al vapor 100% saturado, la condensación se puede llevar a cabo si se saca más calor. A medida que se saca más calor del vapor 100% saturado, este forzará al vapor a convertirse en líquido o a condensarse. Al condensarse, el vapor cambiará gradualmente de fase a líquido hasta que el 100% líquido sea todo lo que quede. Este cambio de fase, o cambio de estado, es un ejemplo de un proceso de rechazo de calor

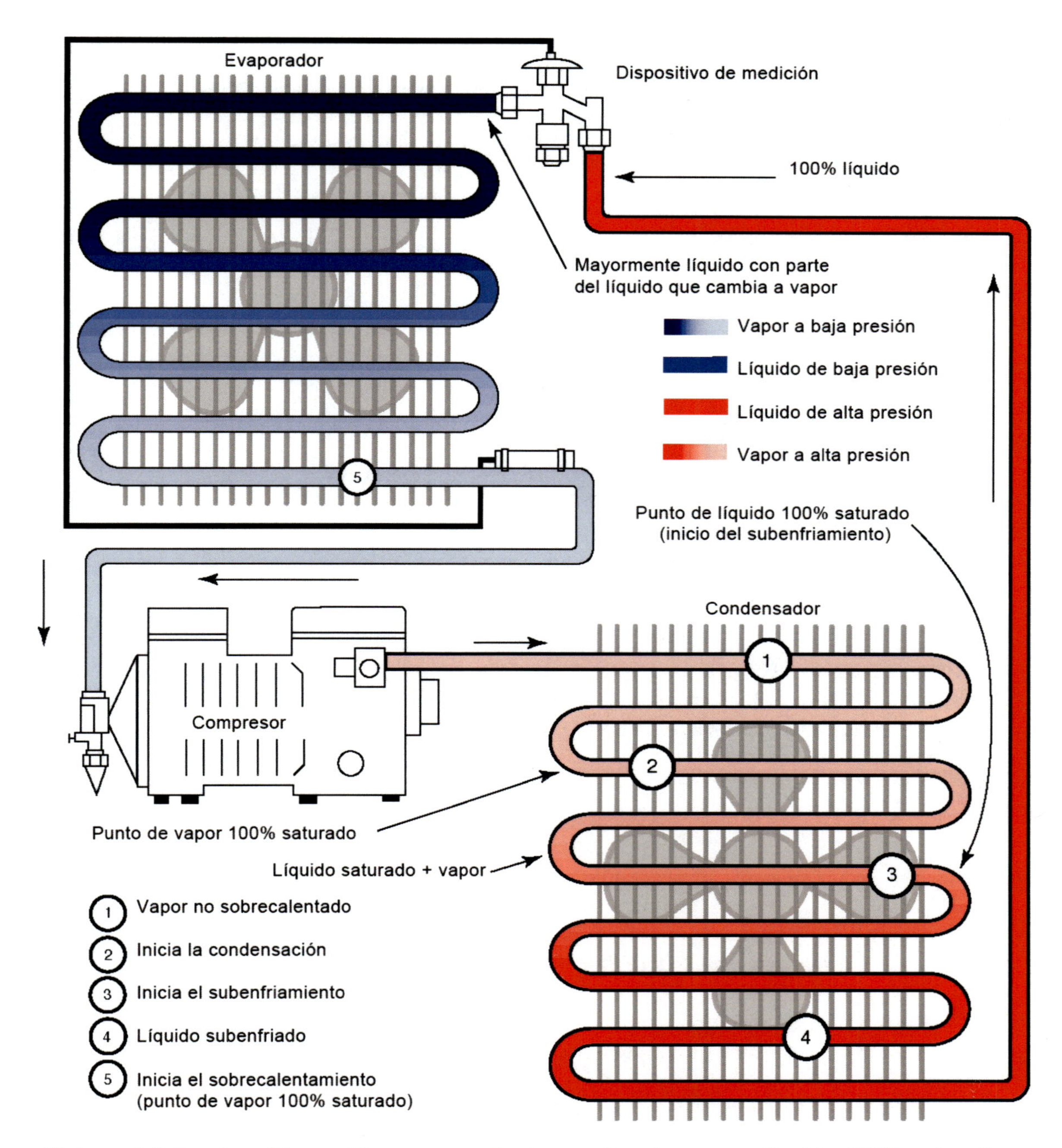

Sistema básico de refrigeración que muestra los puntos de vapor y líquido 100% saturados

latente, ya que el calor eliminado es calor latente, no calor sensible. El cambio de fase ocurrirá en una temperatura, aunque el calor se elimine. Nota: Una excepción a esto es una mezcla casi azeotrópica de refrigerantes donde existe una variación de temperatura o rango de temperaturas cuando ocurre el cambio de fase (consulte el Capítulo 3 sobre la variación de temperatura de mezcla). Esta temperatura uno es la temperatura de saturación que corresponde a la presión de saturación en el condensador.

La última función del condensador es subenfriar el refrigerante líquido. El subenfriamiento se define como cualquier calor sensible retirado del líquido 100% saturado. Técnicamente, el subenfriamiento se define como la diferencia entre la temperatura de líquido medida y la temperatura de saturación del líquido a determinada presión. Una vez que el vapor saturado en el condensador ha cambiado de fase a un líquido saturado, el punto de líquido 100% saturado se ha alcanzado. Si se elimina más calor, el líquido pasará por un proceso de rechazo al calor sensible y perderá temperatura a medida que pierde calor. El líquido que es más frío que el líquido saturado en el condensador es el líquido subenfriado. El subenfriamiento es un proceso importante, ya que comienza a disminuir la temperatura del líquido según la temperatura del evaporador. Esto reducirá la pérdida rápida en el evaporador, de manera que más vaporización del líquido en el evaporador se puede utilizar para el enfriamiento útil de la carga del producto.

Consideraciones del R-410A

El equipo diseñado para el R-22 no puede soportar la presión superior del R-410A. La unidad de condensación se debe reemplazar con un modelo específico diseñado para el R-410A.

Receptor

El receptor actúa como un tanque de compensación. Una vez que el líquido subenfriado sale del condensador, el receptor almacena el líquido. El nivel de líquido en el receptor varía dependiendo de si el dispositivo de medición se está regulando en abierto o cerrado. Los receptores generalmente se utilizan en los sistemas en que se usa una válvula de expansión termostática (TXV o TEV) como el dispositivo de medición. El líquido subenfriado en el receptor puede perder o ganar subenfriamiento dependiendo de la temperatura circundante del receptor. Si el líquido subenfriado está más caliente que el entorno del receptor, el líquido rechazará el calor hacia el entorno y se subenfriará aún más. Si el líquido subenfriado es más frío que el entorno del receptor, el calor será absorbido por el líquido y se perderá el subenfriamiento.

Una desviación del receptor se utiliza con frecuencia para desviar el líquido alrededor del receptor y llevarlo directamente hacia la línea de líquido y el filtro secador. Esta desviación evita que el líquido subenfriado se asiente en el receptor y pierda su subenfriamiento. Un termóstato con un

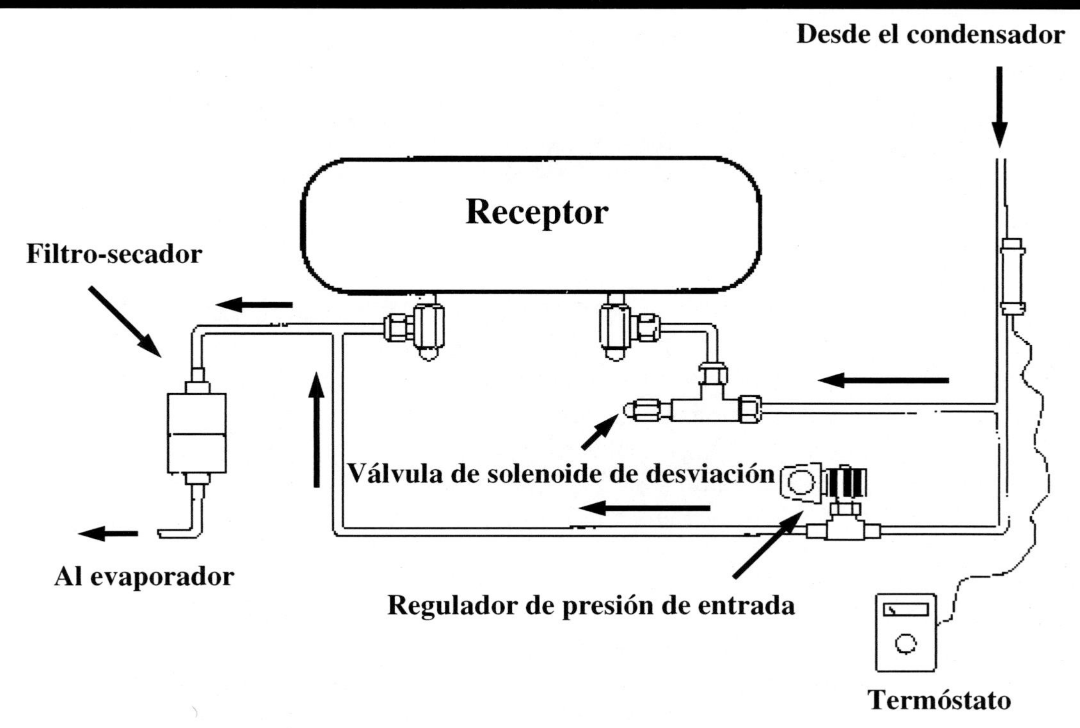

Fig. 2-4. Receptor con desviación de líquido controlada termostáticamente.

bulbo termostático en la salida del condensador controla la válvula de solenoide de desviación al detectar la temperatura del líquido que sale del receptor, **figura 2-4**.

Filtro/secadores

Una muy pequeña cantidad de humedad puede estar presente en un sistema de refrigeración, sin importar el cuidado que se tome al evacuarlo y cargarlo. Si se permite que la humedad permanezca en un sistema, es posible que ocurra la formación de ácido, corrosión, separación del aceite, sedimentos o acumulación de carbono. Cualquiera de estos contaminantes puede ocasionar la falla del compresor o la falla de todo el sistema.

La sustancia dentro de un secador que absorbe la humedad se llama desecante y puede estar hecha de sílice, carbono o alúmina. El desecante es muy sensible a la humedad. El sello de fábrica del secador no se debe quitar hasta que el secador esté listo para la instalación. No vuelva a utilizar un filtro/secador. Junto con la humedad atrapada, el desecante también retendrá el aceite y los ácidos. El filtro/los secadores se deben reemplazar siempre que un sistema se abra para darle mantenimiento. Al retirar un filtro/secador de un sistema, no utilice un soplete, utilice un cortador de tubos para evitar que la humedad entre al sistema. *Nunca instale un secador de la línea de succión en la línea de líquido.*

Consideraciones del R-410A
Los filtros secadores de la línea de líquido deben tener presiones operativas nominales no menores de 600 psig y se deben aprobar para el uso con el R-410A. El técnico siempre debe revisar con el fabricante del sistema las recomendaciones específicas para el secador si no está seguro de qué filtro/secador utilizar.

Línea de líquido
La línea de líquido transporta líquido subenfriado de alta presión hacia el dispositivo de medición. Durante el transporte, el líquido puede perder o ganar subenfriamiento, dependiendo de la temperatura ambiente. Las líneas de líquido pueden estar enrolladas alrededor de las líneas de succión para ayudarlas a obtener más subenfriamiento, **figura 2-5**. Los intercambiadores de calor de la línea de líquido/succión se pueden comprar e instalar en los sistemas existentes para lograr el subenfriamiento.

Consideraciones del R-410A
Las líneas de líquido utilizadas con el R-22 se pueden usar con el R-410A si son del tamaño correcto y se limpian debidamente.

Dispositivo de medición
El dispositivo de medición mide el refrigerante líquido desde la línea de líquido hasta el evaporador. Existen varios estilos y tipos distintos de dispositivos de medición en el mercado con diferentes funciones. Algunos dispositivos de medición controlan el sobrecalentamiento y la presión del evaporador y algunos incluso tienen dispositivos limitadores de presión

Fig. 2-5. Intercambiador de calor de la línea de líquido/succión (Cortesía, Refrigeration Research, Inc.)

para proteger a los compresores de las cargas pesadas. Existen cinco tipos principales de dispositivos de medición;

- **Válvula de expansión termostática**
- **Válvula de expansión automática**
- **Electrónico**
- **Tubo capilar**
- **Orificio fijo**

El dispositivo de medición es una restricción que separa el lado de presión alta del lado de baja presión en un sistema de refrigeración. El compresor y el dispositivo de medición son los dos componentes que separan las presiones en un sistema de refrigeración. La restricción en el dispositivo de medición hace que el refrigerante líquido pase a una temperatura menor en el evaporador debido a su presión y temperatura más bajas.

Consideraciones del R-410A

Las capacidades del dispositivo de medición aumentan a medida que las diferencias de presión en sus orificios aumentan. Si el mismo dispositivo de medición se utilizó en un sistema de R-410A y en un sistema de R-22, el dispositivo de medición sería de mayor tamaño en el sistema de R-410A. Esto ocurre porque las presiones mayores de los sistemas de R-410A provocan mayores velocidades del flujo masivo del refrigerante a través del dispositivo de medición. Por esta razón, el área de flujo en los dispositivos de medición de R-410A está diseñada para ser 15% más pequeña que en los sistemas de R-22 para lograr la misma capacidad (tonelaje). *Los dispositivos de medición para los sistemas de R-410A y R-22 no son intercambiables.*

Evaporador

El evaporador, igual que el condensador, actúa como un intercambiador de calor. Los incrementos de calor de la carga del producto y del entorno exterior viajan a través de las paredes laterales del evaporador para vaporizar cualquier refrigerante líquido. La caída de presión a través del dispositivo de medición ocasiona la vaporización de parte del refrigerante y provoca una temperatura de saturación menor en el evaporador. Esta diferencia de temperatura entre el refrigerante de presión más baja y la carga del producto es el potencial de conducción para que se lleve a cabo la transferencia de calor.

El último paso de la bobina del evaporador actúa como un recalentador para asegurarse de que todo el refrigerante líquido se haya vaporizado. Esto protege al compresor de cualquier líquido que pudiera ocasionar daños en la válvula o aceite diluido en el cárter del cigüeñal. La cantidad de sobrecalentamiento en el evaporador generalmente se controla por medio de un dispositivo de medición de expansión termostática.

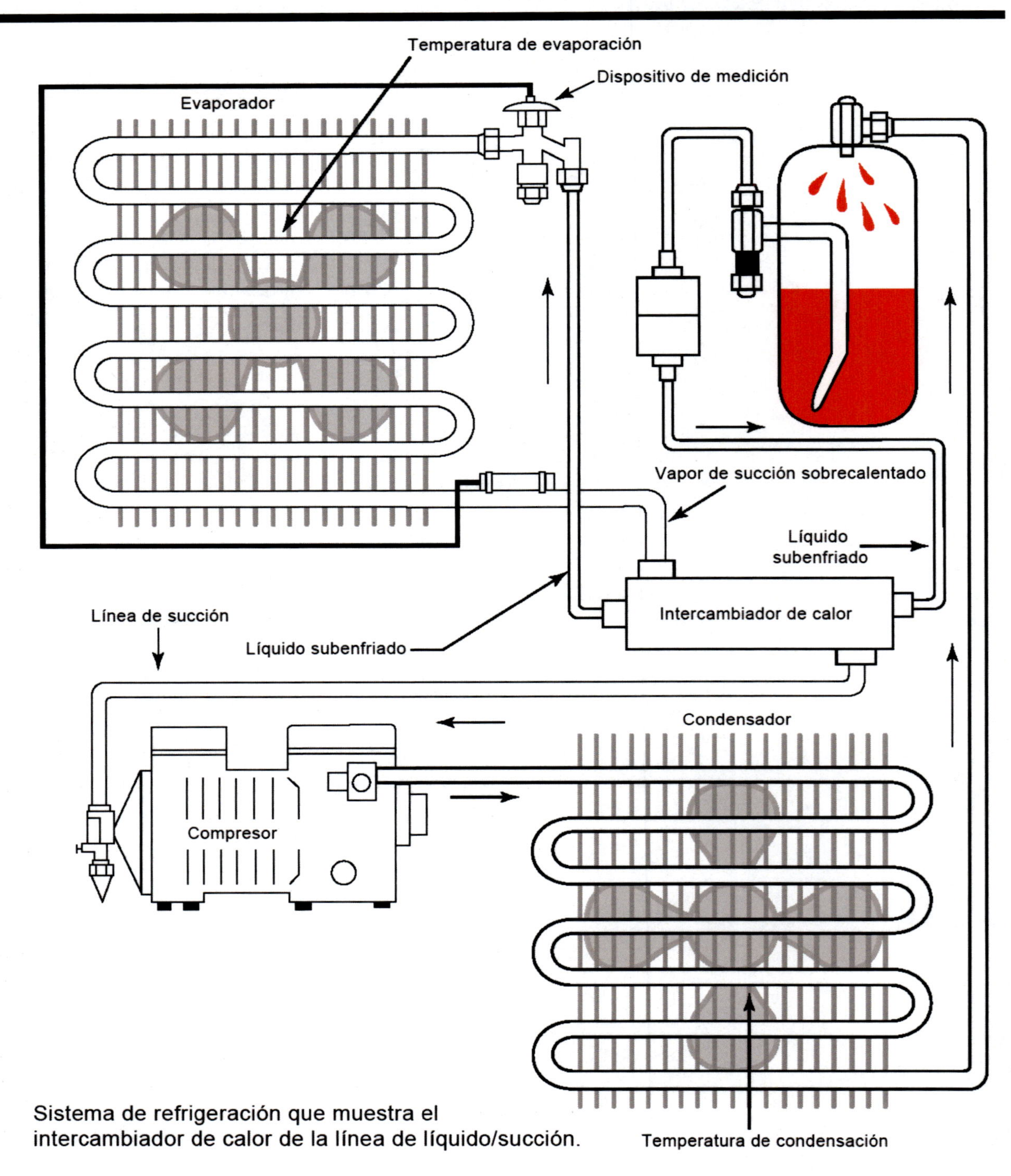

Sistema de refrigeración que muestra el intercambiador de calor de la línea de líquido/succión.

Consideraciones del R-410A

El evaporador o la bobina interior se deben retirar al cambiar el equipo existente y reemplazarlo con un modelo específico de R-410A. Aunque algunas bobinas interiores de R-22 cumplen con el diseño aprobado de UL y la clasificación de presión de servicio de 235 psig., (aplicaciones de la bomba de calor), siempre confirme con el fabricante del equipo antes de utilizar las bobinas interiores de R-22 con el R-410A.

Línea de succión

La línea de succión transporta el vapor sobrecalentado de baja presión desde el evaporador hacia el compresor. Puede haber otros componentes en la línea de succión tales como los acumuladores de succión, reguladores del cárter del cigüeñal, sifones, filtros y rejillas. Los intercambiadores de calor de la línea de líquido/succión con frecuencia se colocan en la línea de succión para transferir el calor lejos de la línea de líquido (subenfriar) y hacia la línea de succión, **figura 2-6**.

Otra función de la línea de succión es sobrecalentar el vapor a medida que se aproxima al compresor. Aunque las líneas de succión por lo general están aisladas, el calor sensible todavía penetra la línea y agrega más sobrecalentamiento.

Este sobrecalentamiento adicional disminuye la densidad del vapor refrigerante para evitar la sobrecarga del compresor, lo cual produce menores consumos de amperios. Este sobrecalentamiento adicional también ayuda a garantizar que el compresor verá el vapor solo bajo las condiciones de carga bajas. Muchos dispositivos de medición tienen la tendencia de perder el control del sobrecalentamiento del evaporador con cargas bajas. Se recomienda que los sistemas tengan por lo menos 20º F del sobrecalentamiento total en el compresor para evitar el flujo no continuo del líquido o inundación del compresor con cargas bajas.

Consideraciones del R-410A

Las líneas de succión utilizadas con el R-22 también se pueden utilizar con el R-410A siempre y cuando tengan el tamaño correcto y se limpien adecuadamente.

Asegúrese siempre de que todos los componentes tales como las válvulas de inversión, válvulas de expansión y filtros secadores estén diseñados específicamente para el R-410A.

Química y aplicaciones del refrigerante

Objetivos

Después de completar esta sección estará capacitado para:

- Comparar/contrastar la diferencia en la estructura química de los refrigerantes CFC, HCFC, y HFC.
- Describir un refrigerante mezclado.
- Describir el fraccionamiento de la mezcla y la variación de temperatura.
- Calcular el sobrecalentamiento y subenfriamiento con los refrigerantes mezclados.
- Recomendar un refrigerante de reemplazo adecuado para HCFC–22.
- Enumerar las herramientas de servicio básicas.
- Evaluar los requerimientos de las herramientas para darle mantenimiento al refrigerante de más alta presión R-410A
- Describir los procedimientos de carga adecuados para los refrigerantes alternativos.

Un refrigerante se puede definir como cualquier sólido, líquido o vapor que actúa como agente de enfriamiento al absorber el calor de otro cuerpo o sustancia. En la actualidad, no hay ningún refrigerante que se pueda considerar como el refrigerante "ideal". Los diversos requerimientos y aplicaciones de enfriamiento evitan que exista el refrigerante ideal.

CFC, HCFC y HFC

La forma en que los refrigerantes están químicamente estructurados ha llevado al uso de acrónimos para referirse a los refrigerantes. Estos acrónimos son CFC, HCFC y HFC. Estos tres acrónimos de refrigerante se explican en las páginas siguientes.

La mayoría de refrigerantes contienen sustancias llamadas halógenos. Las sustancias halógenas son el flúor, cloro, yodo y bromo. Cuando se combinan con un hidrocarburo tal como el acetileno, metano o etano, se les llama refrigerantes halogenados. La mezcla de estos químicos debe ser precisa y debe formar una sustancia completamente nueva que tenga un punto de ebullición específico (temperatura de saturación). Los refrigerantes hálidos se clasifican en tres grupos, ***clorofluorocarbonos, hidroclorofluorocarbonos*** *e* ***hidrofluorocarbonos,*** según su composición química.

En 1956, DuPont Company desarrolló un sistema de numeración de refrigerantes para identificar a sus refrigerantes. En ese momento, muchas otras compañías estaban fabricando refrigerantes bajo distintas marcas comerciales. Por ejemplo, el nombre comercial de DuPont para el diclorofluorometano fue FREON-12, mientras que Allied Chemicals utilizó el nombre GENTRON-12 y Virginia Chemicals usó el nombre ISOTRON-12.

The American Society of Refrigerating and Air Conditioning Engineers (ASHRAE, por sus siglas en inglés) (Sociedad Americana de Ingenieros de Refrigeración y Aire Acondicionado) ha estandarizado la identificación del refrigerante al utilizar el sistema de numeración de DuPont, pero precede cada número con la letra "R" (de refrigerante) sin importar quién sea el fabricante. Debido a la inquietud reciente acerca de la reducción del ozono, la industria ha quitado la letra "R" en favor de las letras que describen la composición química del refrigerante; (es decir CFC-12, HCFC-22, HFC-134a, etc.).

Cada refrigerante tiene propiedades físicas únicas que lo hacen adecuado para una aplicación particular. Por ejemplo, los sistemas de aire acondicionado residencial generalmente utilizarán HCFC-22, un refrigerador/congelador local que casi siempre utiliza CFC-12 (los modelos más recientes utilizan HFC-134a) y un congelador comercial de temperatura baja puede contener R-502 (los modelos más recientes utilizan HFC-404A).

La EPA ha clasificado R-502 como un CFC, pero en realidad es una mezcla azeotrópica de HCFC-22 (48.8%) y CFC-115 (51.2%). Cuando un refrigerante se mezcla como un azeótropo, se crea un nuevo refrigerante con características únicas. La mezcla se produce durante el proceso de fabricación bajo condiciones precisas y no se fraccionará (separará) si ocurre una fuga. Las mezclas de azeotrópicos deben mantener una temperatura de saturación específica y se deben regir estrictamente por la Ley de gases de Charles. Los técnicos de servicio **nunca** deben intentar mezclar los refrigerantes. Si la mezcla y las condiciones no son precisas, el resultado no será azeotrópico y funcionará según la Ley de gases de Dalton.

ASHRAE también ha desarrollado códigos de color para los cilindros del refrigerante para facilitar la identificación y ayudar a evitar mezclas accidentales de refrigerantes. Los códigos de color para algunos de los refrigerantes más comunes son:

CFC-11	Naranja
CFC-12	Blanco
HCFC-22	Verde
HFC-134a	Celeste
R-502	Orquídea
R-410A	Rosado
R-407C	Chocolate

Clorofluorocarbonos (CFC)

Los CFC son refrigerantes hechos de cloro, flúor e hidrocarburo (metano). R-11 (tricloromonofluorometano) y R-12 (diclorodifluorometano) son ejemplos de refrigerantes CFC. Los prefijos (mono = 1, di = 2 y tri = 3) en los nombres químicos describen cuántas partes de cada elemento se utilizan en el compuesto. Por consiguiente, R-12 contiene dos átomos de cloro, dos átomos de flúor y un átomo de carbono.

El cloro en los refrigerantes CFC destruirá la capa de ozono protectora de la tierra cuando llegue a la estratósfera. Debido a que los refrigerantes CFC son muy estables y no se mezclan con el agua, no se dividen en la atmósfera como otros refrigerantes menos estables. Debido al impacto ambiental de los refrigerantes CFC, la Ley de aire limpio ha promovido la recuperación y el reciclaje de los refrigerantes y ha prohibido la importación de producción de CFC a partir de 1996.

Hidroclorofluorocarbonos (HCFC)

A diferencia de los CFC, los HCFC contienen átomos de hidrógeno que hacen que el compuesto sea menos estable en la atmósfera. Se separarán en la atmósfera más baja que los hace menos dañinos para la capa de ozono. Aunque los HCFC contienen cloro, solo tienen 2% a 5% de probabilidad de reducción del ozono por parte de los CFC.

Hidrofluorocarbonos (HFC)

Los HFC no contienen cloro, tienen un potencial cero de reducción del ozono. Sin embargo, representan pequeñas probabilidades de calentamiento global. Varios refrigerantes HFC que han aumentado en popularidad son HFC-32, 125, 134a, 143a, 152a, 404A, 407C y 410A. Por lo tanto, la EPA ha exigido la recuperación de todos los refrigerantes alternativos a partir del 15 de noviembre de 1995.

Mezclas

Mientras tanto, la investigación generalizada se está realizando para un reemplazo "en descenso" de CFC-11, CFC-12, CFC-502, HCFC-22 y muchos otros refrigerantes. Las principales compañías químicas ahora están investigando y fabricando las mezclas de refrigerante casi azeotrópico (NARM, por sus siglas en inglés). Las NARM, o mezclas de refrigerantes, se están modelando matemáticamente con computadoras para producir a la medida las características de la mezcla del refrigerante para brindar la máxima eficiencia y rendimiento del sistema.

Las mezclas de refrigerante pueden estar basadas en HCFC, HFC o una combinación de ambas. La mayoría de mezclas de refrigerante son mezclas binarias o ternarias. Las mezclas binarias constan de dos refrigerantes mezclados entre sí, mientras que las mezclas ternarias constan de tres refrigerantes. Las mezclas a base de HCFC son solo reemplazos provisionales de CFC debido a su contenido de cloro. Debido a que los HCFC constituyen un porcentaje mayor de algunas mezclas, estas mezclas tienen menos probabilidades de reducir el ozono y de provocar calentamiento global que la mayoría de refrigerantes CFC y HCFC que ellos están reemplazando. Las mezclas a base de HFC serán reemplazos a largo plazo para ciertos CFC y HCFC hasta que los investigadores puedan encontrar compuestos puros para reemplazarlas.

Fraccionamiento de la mezcla

Otro fenómeno importante de las mezclas de refrigerante casi azeotrópicas y zeotrópicas es el fraccionamiento. El fraccionamiento es cuando uno o más refrigerantes de la misma mezcla pueden gotear a una velocidad más rápida que otros refrigerantes en la mezcla. El fraccionamiento es un cambio en la composición de la mezcla que ocurre por la evaporación preferencial de los componentes más volátiles o la condensación de los componentes menos volátiles. El líquido y vapor deben existir simultáneamente para que ocurra el fraccionamiento. Esta velocidad de goteo diferente ocurre debido a las presiones parciales distintas de cada componente en la mezcla casi azeotrópica. El fraccionamiento también ocurre porque las mezclas son mezclas casi azeotrópicas y no compuestos puros o sustancias puras como CFC-12. Inicialmente, el fraccionamiento se diseñó como una barrera con capacidad de servicio debido a que la composición del refrigerante original de los componentes de las mezclas puede cambiar con el transcurso del tiempo de los goteos y recarga. Dependiendo de la composición de los constituyentes de la mezcla, el fraccionamiento también puede segregar la mezcla en una mezcla inflamable si uno o dos constituyentes en la mezcla son inflamables. Cuando gotea, el fraccionamiento de la mezcla de refrigerante también puede resultar en pérdidas de capacidad más rápidas que los compuestos puros del componente único como CFC-12 o HCFC-22. Sin embargo, la investigación adicional comprobó que la mayoría de mezclas eran lo suficientemente casi azeotrópicas para administrar el fraccionamiento sin problemas de inflamabilidad.

Para evitar el fraccionamiento, la carga de un sistema de refrigeración al incorporar una mezcla casi azeotrópica se debe hacer con refrigerante líquido siempre que sea posible. Para asegurarse de que la composición de mezcla correcta se cargue en el sistema, es importante que solo retire el líquido del cilindro de carga. Los cilindros que contienen mezclas casi azeotrópicas están equipados con tubos de inmersión, que permiten sacar el líquido del cilindro en la posición vertical. Una vez que retire el líquido del cilindro, estas mezclas se pueden cargar en el sistema como vapor, siempre y cuando todo el refrigerante sacado, se transfiera al sistema. Al agregar refrigerante líquido a un sistema operativo (**figura 3-5**), asegúrese de que el líquido se regule, así vaporizado, en el lado inferior del sistema para evitar que el compresor se dañe. Se puede utilizar una válvula reguladora (**figura 3-3**) para asegurarse de que el líquido se convierta en vapor antes de ingresar al sistema.

Variación de temperatura de la mezcla

Las mezclas ternarias casi azeotrópicas tienen variaciones de temperatura cuando se evaporan y condensan a una presión única, determinada. Un compuesto puro como el CFC-12, hierve y se condensa a una temperatura constante para determinada presión. Debido a que algunas mezclas son casi azeotrópicas, tendrán alguna "variación de temperatura" o un rango de temperatura en el cual hervirán y se condensarán. La cantidad de variación dependerá del diseño del sistema y composición de la mezcla.

La variación de temperatura puede variar de 0.2 a 16 grados Fahrenheit. Debido a que la temperatura del líquido saturado y la temperatura del vapor saturado para determinada presión no son iguales, el refrigerante en la mezcla con la presión de vapor más alta (punto de ebullición más bajo) buscará el vapor 100 por ciento saturado antes que los otros refrigerantes. El calor sensible ahora lo absorberá este refrigerante mientras que los demás refrigerantes en la mezcla todavía se evaporan. Este mismo fenómeno sucede con la condensación.

Esta variación de temperatura no afectará a algunos sistemas porque está diseñada de manera condicional. Por todos los medios, las condiciones del diseño del sistema se deben evaluar al modificarlas con una mezcla. Debido al alto porcentaje de HCFC-22 en algunas mezclas, el compresor puede ver temperaturas y presiones de saturación de condensación mayores cuando está en funcionamiento. Debido a que HCFC-22 tiene un calor de compresión relativamente mayor cuando se compara con otros refrigerantes, se puede experimentar una temperatura de descarga superior.

Métodos de cálculo del sobrecalentamiento y subenfriamiento para las mezclas casi azeotrópicas

Las mezclas casi azeotrópicas son mezclas y no compuestos puros y tienen una variación de temperatura asociada cuando se evaporan y condensan. La variación de temperatura no es otra cosa que un rango de temperaturas cuando ocurre la evaporación o condensación para determinada presión. Los compuestos puros tales como CFC-12, HCFC-22 y HFC-134a y las mezclas azeotrópicas o mezclas como CFC-502 y CFC-500 solo tienen una temperatura asociada mientras se evaporan y condensan para determinada presión. Debido a la variación de temperatura, los métodos que un técnico de servicio utilizará con los casi azeótropos para calcular el subenfriamiento y sobrecalentamiento serán diferentes a los usados con los compuestos puros y mezclas azeotrópicas.

Subenfriamiento y sobrecalentamiento con variación de temperatura

Los fabricantes ahora han diseñado tablas de presión/temperatura donde casi es imposible elegir la temperatura equivocada para determinada

Presión vs. Temperatura R-407C		
TEMP (°F)	**BURBUJA (Psig)**	**ROCÍO (Psig)**
-15	**17.2**	**9.2**
-10	**21.0**	**12.3**
-5	**25.1**	**15.7**
0	**29.5**	**19.4**
5	**34.4**	**23.4**
10	**39.6**	**27.8**
15	**45.2**	**32.6**
20	**51.3**	**37.8**
25	**57.8**	**43.4**
30	**64.8**	**49.4**
35	**72.4**	**56.0**
40	**80.4**	**63.0**
45	**89.0**	**70.6**
50	**98.1**	**78.7**
55	**107.9**	**87.4**
60	**118.2**	**96.7**
65	**129.2**	**106.6**
70	**140.9**	**117.1**
75	**153.2**	**128.4**
80	**166.2**	**140.4**
85	**180.0**	**153.1**
90	**194.6**	**166.5**
95	**209.9**	**180.8**
100	**226.0**	**195.9**
105	**243.0**	**211.9**
110	**260.8**	**228.7**
115	**279.5**	**246.5**
120	**299.0**	**265.3**
125	**319.6**	**285.0**
130	**341.0**	**305.8**
135	**363.4**	**327.6**
140	**386.9**	**350.5**
145	**411.3**	**374.6**
150	**436.8**	**399.8**

presión. Esto es porque cuando los técnicos están calculando los valores de sobrecalentamiento, la tabla les indica que utilicen solo los valores del **PUNTO DE ROCIO**. Cuando los técnicos determinan las cantidades de subenfriamiento, la tabla les indica que utilicen solo los valores del **PUNTO DE BURBUJA**. **(Consulte la tabla 3-1)**

(Tabla 3-1)

Cálculo de sobrecalentamiento del evaporador

Al consultar la tabla de relación entre la presión y temperatura para R-407C, se puede dar cuenta de que existen dos temperaturas (Punto de rocío y Punto de burbuja) involucradas en una presión (Burbuja-líquido y Rocío-vapor). Los compuestos puros tales como CFC-12 y las mezclas de refrigerante azeotrópico solo tienen una temperatura para ambas fases de líquido y vapor con determinada presión. Para calcular el sobrecalentamiento del evaporador necesitará:

- Una tabla de temperatura de presión
- Un grupo de manifolds medidores
- Un termómetro preciso

1. Ponga a funcionar el sistema y observe la lectura de presión manométrica del lado inferior.
2. Con un termómetro preciso, determine la temperatura de salida del evaporador.
3. Con la columna de temperatura del Punto de rocío de la tabla, convierta la lectura de presión obtenida a temperatura.
4. Deduzca la temperatura del Punto de rocío de la temperatura de salida del evaporador.

El **sobrecalentamiento del evaporador** se representa en grados Fahrenheit por el número resultante.

Ejemplo:

Temperatura de salida del evaporador =	45°
La presión del lado inferior 63.0 Psig tiene una conversión del Punto de rocío de	40°
Sobrecalentamiento del evaporador =	5°

Cálculos del subenfriamiento del condensador

Para calcular el subenfriamiento del condensador necesitará:

- Una tabla de temperatura de presión
- Un grupo de manifolds medidores
- Un termómetro preciso

1. Ponga a funcionar el sistema y observe la lectura de presión manométrica del lado superior.
2. Con un termómetro preciso, determine la temperatura de salida del condensador.
3. Con la columna de temperatura del Punto de burbuja de la tabla, convierta la lectura de presión obtenida a temperatura.
4. Deduzca la temperatura de salida del condensador de la temperatura del Punto de burbuja.

El **subenfriamiento del condensador** se representa en grados Fahrenheit por el número resultante.

REFRIGERANTES ALTERNATIVOS

Reemplazos comerciales y residenciales a largo plazo

ASHRAE#	Nombre de marca	Fabricante	Reemplaza	Tipo	Lubricante	Aplicación	Comentarios
R-123	HCFC-123	Honeywell DuPont	CFC-11	Compuesto puro	Alquibenceno o aceite mineral	Enfriadores centrífugos	Menor capacidad que R-11. Con desempeño de modificación equivalente a CFC-11
R134a	HFC-134a	Honeywell DuPont Elf Atochem ICI	CFC-12	Compuesto puro	Poliolester (POE)	Equipo nuevo y modificaciones	Equivalente cercano a CFC-12
			HCFC-22			Equipo nuevo	Capacidad menor de HCFC-22. Requiere un equipo más grande.
R410A **(32/125)**	AZ-20 9100 410A	Honeywell DuPont Elf Atochem	HCFC-22	Casi azeotrópico	Poliolester (POE)	Equipo nuevo	Mayor eficiencia que el HCFC-22 Requiere el rediseño del equipo
R407C **(32/125/134a)**	407C 9000	Honeywell Elf Atochem ICI DuPont	HCFC-22	Mezcla (Variación alta)	Poliolester (POE)	Equipo nuevo y modificaciones	Menor eficiencia que HCFC-22, capacidad cercana a HCFC-22

Tabla 3-2

Temp	Presión (psig)	
F°	**R-410A**	**R-22**
0	**48.6**	**23.9**
20	**78.3**	**43.0**
40	**118**	**68.5**
60	**170**	**102**
80	**235**	**144**
100	**317**	**196**
120	**418**	**260**
140	**539**	**337**

Tabla 3-3

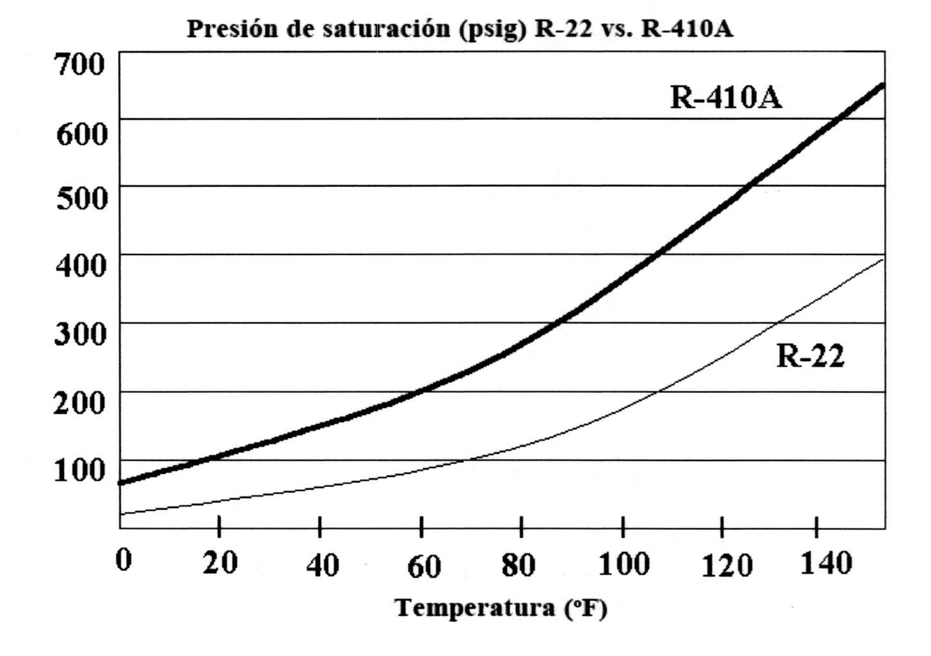

Figura 3-1

Ejemplo:

Temperatura de salida del condensador =	100°
La presión del lado superior 243.0 Psig tiene una conversión del Punto de burbuja de	105°
Subenfriamiento del condensador =	5°

Lubricantes de mezcla

El lubricante principal para las mezclas a base de HCFC será un aceite sintético llamado alquibenceno. Uno de los alquibencenos más populares se ha comercializado bajo el nombre comercial de "Zerol". Las mezclas son solubles en una mezcla de alquibenceno y aceites minerales en concentraciones de hasta 20 por ciento de aceite mineral. Esto hará que un sistema de aceite mineral/CFC se modifique en un sistema de mezcla/ alquibenceno, lo cual es posible sin un lavado de aceite extensivo. El único cambio del sistema puede ser un lavado rápido de aceite y un filtro secador diferente. En muchas de las aplicaciones modificadas, se permitirá usar el mismo dispositivo de expansión termostática. Algunos fabricantes de compresores están utilizando una mezcla de aceite mineral y lubricantes de alquibenceno en sus compresores para las aplicaciones de mezcla. Diferentes aplicaciones y diseños dictarán qué lubricantes incorporar en cada sistema. **La mayoría de mezclas a base de HFC como R-404A, 407C y 410A incorporarán los lubricantes Poliolester.** Los lineamientos de modificación se han escrito y se deberá comunicar con el fabricante del equipo original antes de modificar una mezcla.

Candidatos para el reemplazo del HCFC-22

Las compañías químicas han estado investigando los refrigerantes y las mezclas de refrigerante para encontrar un sustituto permanente para HCFC-22. HCFC-22 está programado para una descontinuación total para el año 2020 según el Protocolo de Montreal, con descontinuación parcial que iniciará pronto. A continuación se enumeran algunas de las mezclas de reemplazo del HCFC-22.

R-410A

El refrigerante R-410A es una mezcla de refrigerante casi azeotrópico, a base de HFC, binario compuesto de HFC-32 y HFC-125. **Sin embargo, debido a que R-410A tiene una variación de temperatura y potencial de fraccionamiento mínimos, la mezcla generalmente se conoce como una mezcla azeotrópica porque actúa muy parecido a un componente único o refrigerante de compuesto puro.** El color del cilindro es Rosado. Su nombre químico es Difluorometano, Pentafluoroetano. Es el refrigerante líder a largo plazo, que no reduce el ozono y de reemplazo para el HCFC-22 (R-22) en el equipo liviano comercial y residencial "nuevo".

Los sistemas de R-410A operan con presiones mucho mayores (aproximadamente 40% a 70% más) que los sistemas de HCFC-22 estándar. De hecho, el equipo de servicio R-22 (mangueras, grupos de manifolds medidores y equipo de recuperación) no se puede utilizar en los sistemas de R-410A debido a estas presiones de funcionamiento superiores. El equipo de servicio utilizado para R-410A se debe evaluar para manejar las presiones de funcionamiento superiores. Las gafas y los guantes de seguridad siempre se deben utilizar al trabajar con R-410A. Los sistemas de R-410A utilizan el lubricante Polioester (POE, por sus siglas en inglés) sintético en sus cárter de cigüeñal y tienen eficiencias mayores que los sistemas de R-22 estándar. La **tabla 3-2** enumera otras mezclas y refrigerantes HCFC-22 de reemplazo provisional y a largo plazo.

El R-410A lo conocen mejor los técnicos por sus nombres comerciales Suva 410A de DuPont, Puron de Carrier o Genetron AZ-20 de Allied Signal por mencionar algunos. Sin embargo, todos estos refrigerantes utilizan el mismo número de American Society of Heating, Refrigeration, and Air Conditioning Engineers (ASHRAE) de R-410A. Varios de los principales fabricantes de equipo original (OEM, por sus siglas en inglés) de aire acondicionado de EE.UU. utilizan R-410A incluso Bryant, Carrier, Lennox, Rheem, Ruud, Unico y Weatherking. Una nota importante para recordar es que R-410A se recomienda para usarlo solo en el equipo original nuevo. No se recomienda como una modificación para los sistemas de aire acondicionado R-22 existentes debido a las presiones de funcionamiento significativamente mayores y capacidades superiores (**figura 3-3**). En situaciones donde la modificación se debería realizar en un sistema de R-22, se recomienda enfáticamente utilizar R-407C debido a sus propiedades similares a R-22. Las presiones de funcionamiento mayores del R-410A han requerido el rediseño del equipo y algunas herramientas de servicio nuevas.

Presiones de funcionamiento típicas

Las temperaturas de funcionamiento típicas del sistema de aire acondicionado pueden ser de 45 grados F. para el evaporador y de 120 grados F. para el condensador. Por lo tanto, las presiones correspondientes serían de:

R-410A....... presión de evaporación de 130 psig
Presión de condensación de 418 psig

R-22........ Presión de evaporación de 76 psig
Presión de condensación de 260 psig

Variación de temperatura y fraccionamiento del R-410A

Técnicamente, R-410A es una mezcla serie 400 y está clasificada como una mezcla de refrigerante casi azeotrópica. Sin embargo, debido a que R-410A tiene una variación de temperatura y potencial de fraccionamiento mínimos, R-410A por lo general se conoce como una mezcla azeotrópica porque actúa muy parecido a un refrigerante de componente único o compuesto puro tal como R-22. De hecho, debido a que la variación de temperatura para R-410A es muy pequeña, es insignificante y puede ignorarse para los propósitos del servicio del aire acondicionado. La variación de temperatura para R-410A es menor de 0.3 grados Fahrenheit en los rangos de funcionamiento del aire acondicionado y refrigerante.

Tabla de presión/temperatura del R-410A

Debido a que el R-410A tiene tal variación de temperatura baja, se puede utilizar una tabla de presión/temperatura (P/T) estándar al calcular el sobrecalentamiento o subenfriamiento. Esto no es necesario para el tipo de tabla que enumera el punto de rocío y punto de burbuja para una presión específica. Utilizar una tabla P/T estándar facilita bastante el proceso para el técnico al darle servicio a los sistemas de aire acondicionado R-410A.
(**Consulte la tabla 3-4**)

(Tabla 3-4)

Presión vs. Temperatura R-410A

TEMP (°F)	PSIG
-15	31.3
-10	36.5
-5	42.2
0	48.4
5	55.1
10	62.4
15	70.2
20	78.5
25	87.5
30	97.2
35	107.5
40	118.5
45	130.2
50	142.7
55	156.0
60	170.1
65	185.1
70	201.0
75	271.8
80	235.6
85	254.5
90	274.3
95	295.3
100	317.4
105	340.6
110	365.1
115	390.9
120	418.0
125	446.5
130	476.5
135	508.0
140	541.2
145	576.0
150	612.8

R-407C

R-407C es una mezcla de refrigerante casi azeotrópica, a base de HFC, ternaria que consta de HFC-32, HFC-125 y HFC-134a con porcentajes de peso de 23%, 25%, 52% respectivamente. El código de color del cilindro es chocolate. Su nombre químico es Difluorometano, Pentafluoroetano, 1,1,1,2-Tetrafluoroetano. Las presiones y temperaturas del R-407C son de alguna manera similares a las del R-22, pero tiene una eficiencia ligeramente menor que R-22. El R-407C también es una mezcla de refrigerante que no reduce el ozono y de reemplazo a largo plazo para el R-22 en aplicaciones residenciales y comerciales de aire acondicionado y refrigeración. Los fabricantes de equipo original están utilizando el R-407C en el nuevo equipo y también se puede utilizar como una mezcla de refrigerante de modificación que reemplaza al R-22. El R-407C tiene un Potencial de calentamiento global de 0.34. Consulte la **tabla 3-5** para obtener una comparación de la propiedad física de R-407C, R-410A, y R-134ª.

El R-407C está clasificado como una mezcla de refrigerante casi azeotrópico y no actúa como un refrigerante de componente único o compuesto puro cuando se evapora y condensa. El R-407C tiene una variación grande de temperatura (9-12 grados F) y potencial de fraccionamiento en los rangos de temperaturas del aire acondicionado y refrigeración. Estas cualidades no se pueden ignorar cuando el técnico de servicio está trabajando con R-407C. El R-407C funciona de manera similar al R-22 bajo las temperaturas del evaporador que varían de 20 a 50 grados F.

Variación de temperatura y fraccionamiento del R-407C

Debido a que el R-407C tiene tal variación de alta temperatura, el técnico tendrá que usar una tabla de presión/temperatura (P/T) como la que está en la (**tabla 3-1**). Tome en cuenta que existe una temperatura de **PUNTO DE ROCÍO** y una temperatura de **PUNTO DE BURBUJA** para cada valor de presión enumerado para el R-407C. Cuando el técnico está calculando los valores de sobrecalentamiento, la tabla le indica que utilice solo los valores del PUNTO DE ROCÍO. Cuando se calculan las cantidades de subenfriamiento, la tabla le indica que utilice solo los valores del PUNTO DE BURBUJA. Este tipo de tabla P/T, que fue diseñada por los fabricantes, hace que sea casi imposible para los técnicos de servicio utilizar la temperatura equivocada para determinada presión al calcular los valores de sobrecalentamiento y subenfriamiento.

Propiedades físicas de los refrigerantes	R-407C	R-410A	R-22	R-134a
Composición	R-32/R-125/R134a	R-32 / R-125	Componente único	Componente único
(peso %)	(23 / 25 / 52)	(50 / 50)	No aplica	No aplica
Peso molecular	86.2	72.6	86.5	102.3
Punto de ebullición (1 atm, F)	-43.6	-61	-41.5	-14.9
Presión crítica (psia)	672.1	691.8	723.7	588.3
Temperatura crítica (F)	187	158.3	205.1	213.8
Densidad crítica (lb/pies^3)	32	34.5	32.7	32.04
Densidad del líquido (20 F, lb/pies^3)	72.35	67.74	75.27 @(70 F, lb./ft^3)	76.21 @(70 F, lb./ft^3)
Densidad del vapor (bp, lb/pies^3)	0.289	0.261	0.294	0.328
Calor de vaporización (bp, BTU/lb)	106.7	116.8	100.5	93.3
Líquido de calor específico (20 F, BTU/lb F)	0.3597	0.3948	0.2967 @(70 F, BTU/lb. F)	0.3366 @(70 F, BTU/lb. F)
Vapor de calor específico (1 atm, 20 F, BTU/lb F)	0.1987	0.1953	0.1573 (1 atm, 70 F, BTU/lb. F)	0.2021 (1 atm, 70 F, BTU/lb. F)
Potencial de reducción del ozono (CFC-11 = 1.0)	0.0	0.0	0.05	0.0
Potencial de calentamiento global (CFC-11 = 1.0)	0.34	0.39	0.35	0.28
Clasificación de seguridad norma 34 de ASHRAE	A1/A1	A1/A1	A1	A1
Variación de temperatura (consulte la sección 2 B)	10	0.2	No aplica	No aplica

Tabla 3-5

Manifold medidor

Una de las herramientas más importantes que un técnico de servicio utiliza es el manifold medidor. El manifold medidor es un dispositivo de revisión de presión con ambos medidores de presión alta y compuesto. Un medidor de compuesto puede medir las presiones arriba y por debajo de la atmosférica (presión y vacío).

Las temperaturas de saturación de los refrigerantes más populares generalmente se incluyen en la superficie del cuadrante del medidor. Recuerde que los medidores solo mostrarán la temperatura de saturación en determinada presión. Los medidores no mostrarán el sobrecalentamiento a menos que utilice un termómetro para comparar la temperatura real con la temperatura de saturación.

Debido a los cambios en la presión atmosférica, no es inusual que los medidores requieran una recalibración en el campo. Para obtener acceso al tornillo de calibración, retire la cubierta transparente del medidor. El tornillo de calibración por lo general está sobre la superficie del medidor, justo debajo del cubo del indicador. Mientras que el medidor está expuesto a la presión atmosférica, gire el tornillo de calibración lentamente hasta que el indicador se alinee con 0 psig.

El manifold tiene válvulas de control y conexiones para las mangueras hacia las válvulas de servicio. Algunos manifolds tienen dos válvulas (lado inferior y superior), mientras que otros tienen cuatro (dos válvulas extra para las conexiones de la bomba de vacío y cilindro de carga del refrigerante).

Consideraciones del R-410A

El grupo de manifolds medidores está especialmente diseñado para soportar las presiones mayores relacionadas con el R-410A. Los grupos de manifolds son necesarios para alcanzar los 800 psig en el lado superior y 250 psig en el lado inferior con un retardo del lado inferior de 550 psig.

Todas las mangueras deben tener una clasificación de servicio de 800 psig. (Esta información estará indicada en la mayoría de mangueras.)

Medidor de micrones

Un medidor de micrones se debe utilizar al evacuar un sistema hasta 500 micrones ya que los medidores de manifold no leerán las mediciones de vacío más profundo de forma precisa.

Bombas de vacío

Una evacuación de 500 micrones es por lo general suficiente para eliminar la humedad de un sistema por medio del R-22 y lubricante de aceite mineral.

Consideraciones del R-410A

Una evacuación de 500 micrones, sin embargo, no separará la humedad del aceite Poliolester (POE) en los sistemas de R-410A. Además de una evacuación de 500 micrones, se debe instalar un filtro secador de línea de líquido. El filtro secador de línea de líquido (debe ser compatible con R-410A) se debe reemplazar en cualquier momento que se abra el sistema.

Detectores de fugas

Un detector electrónico de fugas capaz de detectar el refrigerante HFC se puede utilizar con el refrigerante R-410A. Los detectores de fugas R-22 más antiguos, así como los detectores de fugas de antorcha de hálido no detectarán las fugas en los sistemas de R-410A. Nunca utilice aire y R-410A para revisar las fugas, ya que la mezcla se puede volver inflamable en presiones superiores a la atmósfera 1. Las fugas del sistema se pueden revisar de manera segura al utilizar nitrógeno o un gas en trazas de R-410A y nitrógeno. (Recuerde siempre utilizar un regulador de presión con nitrógeno y una válvula de alivio de seguridad con ajuste de caudal descendente en no más de 150 psi.)

Las soluciones de burbujas están disponibles comercialmente y específicamente para revisar las fugas y funcionarán con el refrigerante R-410A.

Existen seis (6) tipos principales de detectores que se pueden utilizar para supervisar las fugas alternativas del refrigerante.

1. **Detectores no selectivos**
2. **Específico de halógeno**
3. **Específico de compuesto**
4. **Basado en infrarrojo**
5. **Tintes fluorescentes**
6. **Ultrasónico**

Consideraciones del R-410A

Si el sistema de R-410A desarrolla una fuga, el técnico no tiene que recuperar el refrigerante restante del sistema antes de que "llenen" el sistema. Debido a que el R-410A está cerca de ser una mezcla azeotrópica, reacciona como un refrigerante de compuesto puro o componente único. **El técnico puede utilizar el refrigerante existente en el sistema después de que las fugas han ocurrido. No existe un cambio significativo en la composición del refrigerante cuando hay varias fugas y recargas. Sin embargo, el técnico de servicio debe recordar que cuando agrega R-410A al sistema, este debe salir del cilindro de carga como un líquido para evitar cualquier fraccionamiento y para que el desempeño del sistema sea óptimo.** Si el sistema de aire acondicionado ha perdido su carga completa, deberá revisar si hay fugas en el sistema, repararlo y evacuar por debajo de los 500 micrones. Se debe utilizar una escala digital o un cilindro de carga calibrado diseñado para las presiones superiores del R-410A para recargar el R-410A otra vez en el sistema.

Los Reglamentos de reciclaje del refrigerante de la Sección 608 de las Enmiendas de la ley de aire puro establecen que los técnicos deben encontrar y reparar las "fugas sustanciales" de los sistemas de 50 libras o más de refrigerante.

Las fugas sustanciales son:

- 35% de índice de fuga anual para la refrigeración comercial e industrial
- 15% de índice de fuga anual para los enfriadores convenientes y demás equipo

Nunca utilice aire para revisar las fugas de cualquier sistema de refrigerante. Las mezclas de aire y R-410A o R-22 pueden ocasionar mezclas explosivas en determinadas concentraciones y presiones.

Sistemas de recuperación del refrigerante

El retiro del refrigerante de un sistema se puede lograr por medio de dos métodos básicos, pasivo y activo. Para cumplir con los reglamentos gubernamentales y satisfacer mejor las necesidades de los clientes, debe tomarse el tiempo necesario para evaluar el sistema y determinar qué método utilizar.

Preguntas que el técnico debe considerar.

- ¿Funciona el compresor del sistema?
- ¿Es el sistema lo suficientemente accesible?
- ¿Dónde está el refrigerante líquido dentro del sistema?
- ¿Cuál es la temperatura (ambiente) exterior?
- ¿Tendrán las condiciones exteriores algún efecto?

Si el sistema no se analiza, la recuperación podría tardar más de lo necesario.

Recuperación pasiva (dependiente del sistema)

La recuperación dependiente del sistema o recuperación "pasiva", consiste en recuperar el refrigerante de un sistema que utiliza la presión interna del sistema de refrigeración o el compresor del sistema como una ayuda en el proceso de recuperación. El equipo que depende del sistema no se puede utilizar con aparatos que contienen más de 15 libras de refrigerante. Para facilitar a los técnicos la recuperación del refrigerante, la EPA está solicitando al fabricante que instale una abertura de servicio o adaptador del proceso para los aparatos que contienen refrigerantes Clase I y II. Si un técnico de servicio utiliza la "Recuperación dependiente del sistema o pasiva" en un sistema con un compresor que no funciona, el refrigerante se debe recuperar tanto del lado inferior como superior del aparato para agilizar el proceso de recuperación y alcanzar los requisitos de eficiencia de recuperación necesarios. En este procedimiento se puede utilizar una bomba de vacío, sin embargo, *nunca descargue una bomba de vacío en un contenedor presurizado.* Las bombas de vacío no pueden manejar el bombeo contra otra cosa que no sea la presión atmosférica. Si el compresor está funcionando, el refrigerante solo se puede recuperar desde el lado superior. En toda la recuperación pasiva, el refrigerante se debe recuperar en un contenedor no presurizado. Ya sea que el compresor funcione o no, golpear ligeramente el compresor con un mazo de madera o caucho durante la recuperación agitará y liberará el refrigerante disuelto en el aceite del cárter del cigüeñal del compresor. Contingente a lo siguiente, el refrigerante se puede sacar sin dañar el compresor.

- ♦ Un receptor o condensador del tamaño adecuado.
- ♦ Método de registro del peso.
- ♦ Controles de encendido-apagado adecuados.
- ♦ Contenedores de recuperación adecuados que no exceden el peso neto máximo del contenedor

Recuperación activa (autocontenida)

El método más común de retiro del refrigerante del sistema es por medio del uso de una unidad de recuperación autocontenida certificada. El equipo de recuperación (activa) autocontenida tiene sus propios medios para sacar el refrigerante de los aparatos y es capaz de lograr los índices de recuperación necesarios, ya sea que el compresor del aparato funcione o no. El equipo de recuperación autocontenida almacena el refrigerante en un tanque de recuperación presurizado. Antes de poner a funcionar una máquina de recuperación autocontenida, asegúrese de que la válvula de entrada del tanque esté abierta y que el tanque de recuperación no contenga demasiados gases no condensados, (aire). Siga las instrucciones de funcionamiento que proporciona el fabricante del equipo de recuperación sobre la purga de gases no condensados. El nivel de aceite y las fugas de refrigerante se deben revisar en todo el equipo de recuperación del refrigerante diariamente. Algunas máquinas pueden retirar tanto el líquido como el vapor. Una temperatura ambiente mayor facilita la recuperación más rápida debido al aumento de la presión del vapor interno del sistema.

Consideraciones del R-410A

Debido a la presión superior del R-410A (50-70% mayor que R-22.), los equipos del componente y de servicio se han rediseñado para soportar el aumento de la presión. El equipo de recuperación y reciclaje clasificado para las presiones superiores del R-410A se debe utilizar. (Consulte con los fabricantes para obtener las recomendaciones adecuadas para el equipo.) Los cilindros de recuperación deben tener una clasificación de servicio de 400 psig (DOT 4BA 400 y DOT 4BW 400 son los cilindros aceptables). *No utilice los cilindros de recuperación o almacenamiento DOT estándar clasificados en 300 psig con R-410A.*

Como se indicó anteriormente, los medidores de manifold utilizados con el R-410A requieren un rango de lado superior de 800 psig y un lado inferior de 250 psig con un retardo del lado inferior de 550 psig. Se requiere que las mangueras tengan una clasificación de presión de servicio de 800 psig.

Evite la mezcla de R-410A con otros refrigerantes durante la recuperación y reciclaje de los refrigerantes del sistema. Para evitar la mezcla de refrigerantes, algunas veces conocida como contaminación cruzada, el técnico debe utilizar una unidad de recuperación/reciclaje de autolimpieza o autopurga. Los medidores de manifold, mangueras y cilindros de recuperación se deben evacuar después de cada trabajo de recuperación.

Otro método que eliminará la contaminación cruzada es apartar el equipo para los sistemas de R-410A. Todo el equipo apartado se debe marcar claramente solo para el uso del R-410A. Esto incluiría:

- Unidad de recuperación/reciclaje del R-410A
- Medidor de manifold y mangueras del R-410A
- Cilindros de recuperación DOT 4BA 400 o DOT 4BW 400
- Una bomba de vacío profundo capaz de extraer hasta 500 micrones
- Una escala de cierre manual o automático del solenoide

Carga del refrigerante

La carga adecuada del refrigerante es necesaria asegurarse de que el equipo funcione con su máxima eficiencia y según lo diseñó el fabricante. Ocurren muchos problemas si el sistema tiene insuficiencia de carga o sobrecarga.

Insuficiencia de carga

Una insuficiencia de carga puede ocasionar que demasiadas burbujas de gas ingresen en el dispositivo de medición creando así lo siguiente:

1. Temperatura baja del evaporador.
2. Sobrecalentamiento excesivo.
3. Evaporadores con poca alimentación.
4. Relaciones de compresión altas.

Sobrecarga

Una sobrecarga puede ocasionar que el dispositivo de medición sobrealimente el evaporador y que el refrigerante líquido regrese al condensador. Estas condiciones podrían crear lo siguiente:

1. Contraflujo.
2. Flujo no continuo del líquido.
3. Aumento de la presión del lado superior.
4. Pérdida de capacidad.
5. Relaciones de compresión altas.

Carga del sistema de R-410A

Aunque el R-410A tiene un potencial de fraccionamiento muy pequeño, no se puede ignorar del todo cuando se carga. Para evitar el fraccionamiento, la carga de un sistema de aire acondicionado que incorpora el R-410A se debe hacer con "**líquido**" para mantener el óptimo funcionamiento del sistema. Siga la instrucción del cilindro de carga si no está seguro del procedimiento de carga. Para asegurarse de que la composición de mezcla correcta se cargue en el sistema, es importante que solo retire el líquido del cilindro de carga. Algunos cilindros que proporcionan los fabricantes tienen tubos de inmersión que permiten sacar el refrigerante líquido del cilindro cuando está en la posición recta (**figura 3-2**). Los cilindros sin tubos de inmersión se deben inclinar hacia abajo para sacar el líquido. El técnico de servicio debe diferenciar qué tipo de cilindro de carga está utilizando para evitar sacar el refrigerante de vapor en lugar del refrigerante líquido para evitar el fraccionamiento y problemas de seguridad.

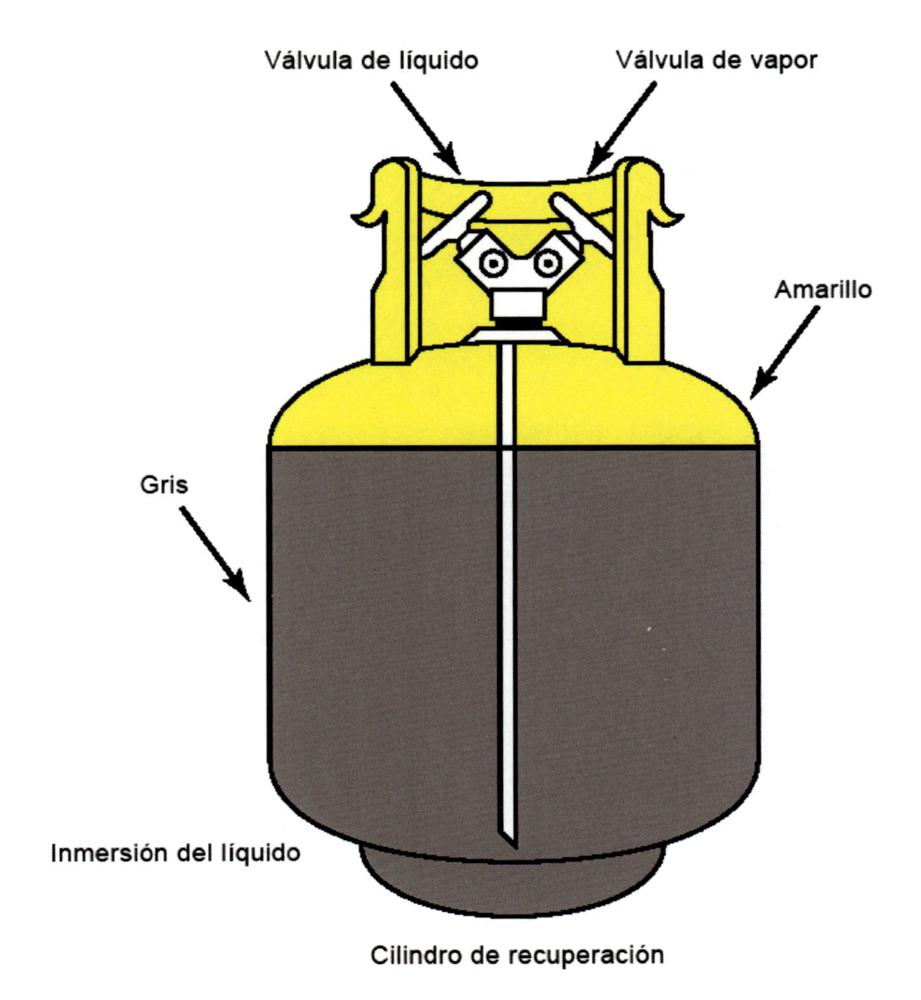

Figura 3-2

Figura 3-3 Válvula reguladora

Cortesía de Ingeniería térmica

Una vez que el líquido salga del cilindro de carga, el R-410A se puede cargar en el sistema como vapor siempre y cuando todo el refrigerante del cilindro de carga se cargue en el sistema. Recuerde, si el técnico de servicio desea agregar refrigerante líquido a un sistema operativo, asegúrese de que el líquido se **regule**, así vaporizado, en el "lado inferior" del sistema para evitar que el compresor se dañe. Se puede utilizar una válvula reguladora para asegurarse de que el líquido se convierta en vapor antes de ingresar al sistema (**figura 3-3**). La manipulación (restricción) adecuada del grupo de manifolds medidores también puede actuar como un dispositivo de regulación para garantizar que el líquido no ingrese al compresor.

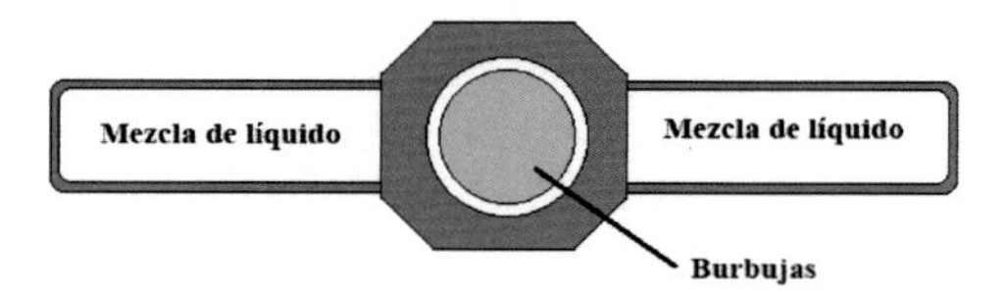

Figura 3-4 Mirilla de cristal

Muchos técnicos de servicio por lo general intentarán cargar un sistema de aire acondicionado o refrigeración al asegurarse de que la mirilla de cristal de la línea de líquido esté llena de refrigerante líquido. Con frecuencia, a medida que la mezcla de refrigerante pasa por la mirilla de cristal de la línea de líquido, parte del líquido puede formar burbujas mientras pasa a través del volumen incrementado de la mirilla de cristal (**figura 3-4**). Una vez que el porcentaje pequeño del líquido con burbujas deja la mirilla de cristal y vuelve a entrar a la línea de líquido más pequeña, formará 100% del líquido otra vez. Debido a este fenómeno de burbujas dentro de la mirilla de cristal con ciertas mezclas de refrigerante, los técnicos con frecuencia piensan que el sistema tiene insuficiencia de carga. Si el sistema tiene una mirilla de cristal, es de suma importancia para los técnicos de servicio no intentar limpiar la mirilla de cristal al cargar las mezclas de refrigerante como R-410A o R-407C. Los intentos por limpiar una mirilla de cristal pueden sobrecargar el sistema y provocar un desempeño deficiente del sistema o daño en el compresor.

Carga para el subenfriamiento adecuado de R-410A

Si un sistema utiliza una válvula de expansión termostática, el dispositivo regulará el flujo de refrigerante en un amplio rango de condiciones de carga de peso y carga eléctrica. Por lo tanto, algunos fabricantes recomiendan utilizar el subenfriamiento para revisar las condiciones de carga adecuadas.

Nota: Restrinja el flujo del aire en el condensador y lleve la presión del condensador a 350 psig si la temperatura exterior es menor de 65 grados Fahrenheit.

1. Ponga a funcionar el sistema por al menos 10 minutos para que se estabilice.
2. Conecte los medidores al puerto de la válvula de líquido y mida la presión de línea del líquido. Utilice la tabla de presión/temperatura o el medidor para determinar la temperatura de saturación que corresponde a esa presión.

3. Mida la temperatura de la línea de líquido en la misma línea tan cerca de la bobina exterior como sea posible, utilizando una sonda de temperatura de lectura rápida.
4. La diferencia entre la temperatura de saturación y la temperatura de la línea de líquido real es el subenfriamiento.
5. Utilice las recomendaciones del fabricante - Si no hay información disponible, utilice un valor de subenfriamiento de 10-15° F.
6. Realice cualquier ajuste al agregar refrigerante para aumentar el subenfriamiento y saque el refrigerante para disminuir el subenfriamiento.

Este método de carga requiere el uso de medidores de refrigeración precisos, termómetro de bulbo seco y una tabla de presión/temperatura o superficie de conversión de presión/temperatura de los medidores.

Carga para el sobrecalentamiento adecuado de R-410A

Esto aplica solamente a los sistemas de dispositivos de medición fija, tales como, orificio fijo, (restrictor) o tubo capilar. Este método aplica a la carga solo de enfriamiento, consulte las instrucciones del fabricante del equipo para ver la carga de la bomba de calor.

Nota: Restrinja el flujo del aire en el condensador y lleve la presión del condensador a 350 psig si la temperatura exterior es menor de 65 grados Fahrenheit.

1. Ponga a funcionar el sistema por al menos 10 minutos para que se estabilice.
2. Conecte los medidores al puerto de la válvula de succión y mida la presión de succión. Utilice la tabla de presión/temperatura o el medidor para determinar la temperatura de saturación que corresponde a la presión de succión.
3. Mida la temperatura de succión en la línea de succión a aproximadamente 6" antes de la entrada del compresor por medio de una sonda de temperatura de lectura rápida.
4. La diferencia entre la temperatura de saturación y la temperatura de la línea de succión real es el sobrecalentamiento.
5. Compare el sobrecalentamiento calculado con el rango permitido del sobrecalentamiento para las condiciones existentes, indicadas por las especificaciones del fabricante.
6. Realice cualquier ajuste al:
   Agregar refrigerante para disminuir el sobrecalentamiento y sacar el refrigerante para aumentar el sobrecalentamiento.

Precauciones

- No ventile el refrigerante.
- Utilice el equipo de recuperación y los cilindros aprobados para R-410A.
- Siempre cargue con líquido, utilizando un dispositivo de medición comercial en la manguera del manifold.
- Si el cilindro tiene un tubo de inmersión, mantenga el cilindro recto para el líquido.
- Si el cilindro no tiene un tubo de inmersión, invierta el cilindro para obtener el líquido.

Este método de carga requiere el uso de medidores de refrigerante precisos, un psicrómetro o termómetros de bulbo húmedo y seco y una tabla de presión/temperatura o superficie de conversión de presión/temperatura de los medidores.

Carga del sistema de R-407C

El R-407C tiene la capacidad de fraccionarse y provocar un cambio permanente en la composición de la carga del refrigerante. Debido a esto, se recomienda sacar el R-407C del cilindro de carga como un líquido para garantizar el máximo desempeño del sistema. Siga la instrucción del cilindro de carga si no está seguro del procedimiento de carga. Una vez que el líquido salga del cilindro de carga, el R-407C se puede cargar en el sistema como vapor siempre y cuando todo el refrigerante sacado del cilindro de carga se cargue en el sistema. Recuerde, al agregar refrigerante líquido a un sistema operativo, asegúrese de que el líquido se **regule**, así vaporizado, en el lado inferior del sistema para evitar que el compresor se dañe. Los mismos métodos utilizados para cargar los sistemas de R-410A funcionan para los sistemas de R-407C, aunque los sistemas de R-407C tienen más de un potencial de fraccionamiento. Debido a que las presiones y temperaturas del sistema de R-407C son un poco parecidas a las de un sistema de R-22, se puede utilizar el mismo grupo de manifolds medidores y los mismos tipos de cilindros de carga.

Fugas del refrigerante R-407C y detectores de fugas

Debido a que R-407C y R-410A son mezclas de refrigerante a base de HFC, los mismos métodos y procedimientos funcionan para ambos refrigerantes en el tema de las fugas del refrigerante y detectores de fugas.

Adición de refrigerante a un sistema mientras está funcionando

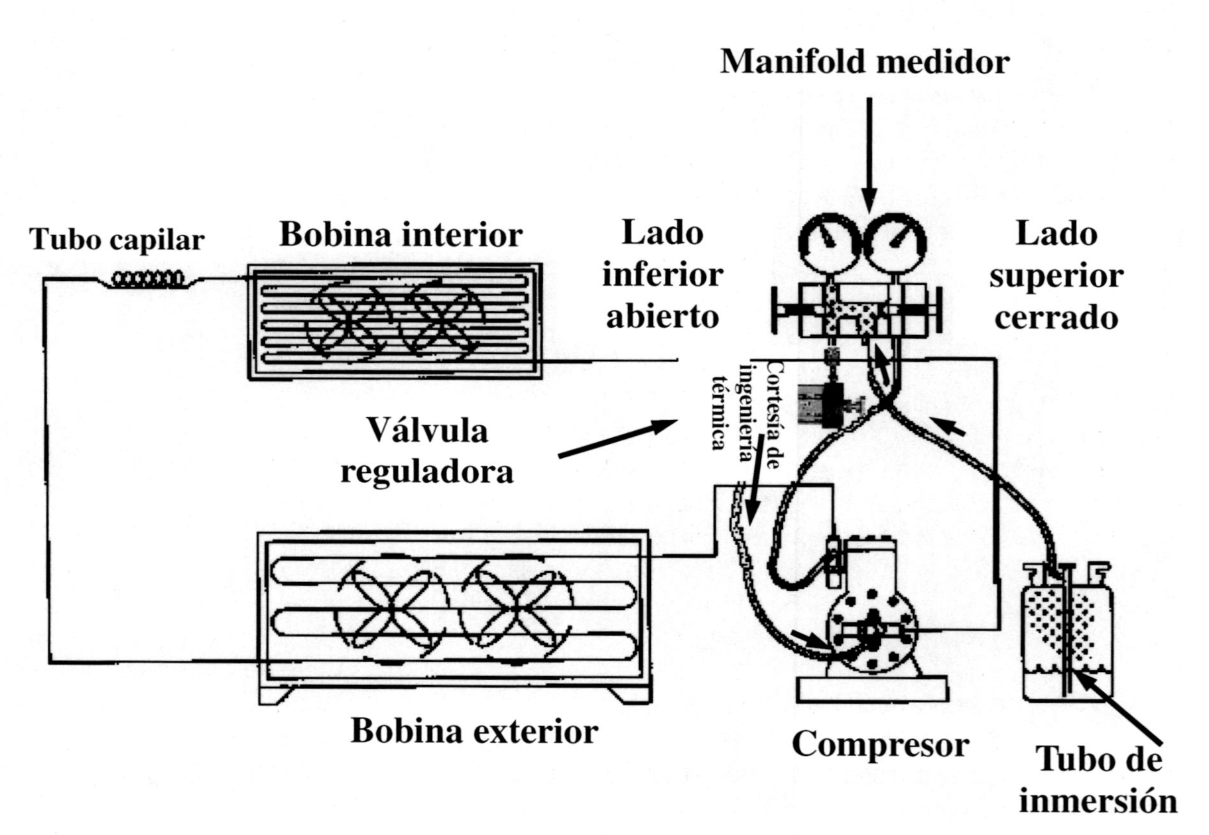

Figura 3-5

Aceites refrigerantes y sus aplicaciones

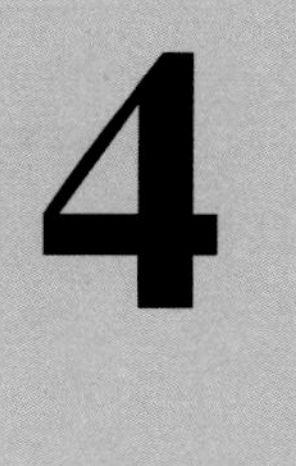

Objetivos

Después de completar esta sección estará capacitado para:

- ♦ Describir la función del aceite para refrigeración.
- ♦ Comparar / contrastar diferentes tipos de aceites para refrigeración.
- ♦ Recomendar los procedimientos adecuados para la eliminación del aceite de desecho.
- ♦ Seleccionar un aceite adecuado para los refrigerantes alternativos.
- ♦ Explicar las propiedades higroscópicas de diferentes aceites refrigerantes.

En la actualidad, los aceites utilizados en los compresores de refrigeración de ninguna manera se consideran como lubricantes estándar. Años de pruebas e investigación han hecho toda una ciencia de los aceites para refrigeración, categorizándolos como productos de especialidad. Comprender el comportamiento del aceite para refrigeración requiere información sobre la composición, propiedades y aplicación.

En cualquier sistema de refrigeración, el aceite y refrigerante siempre están presentes. El refrigerante es el líquido que funciona y es necesario para el enfriamiento. El propósito principal del aceite es lubricar el compresor. El refrigerante y aceite se pueden combinar (son mezclables) entre sí y su magnitud de miscibilidad dependerá del tipo de refrigerante, temperatura y presión a las que ambos son expuestos. Cierta cantidad de aceite siempre saldrá del cárter del cigüeñal del compresor y circulará con el refrigerante. El refrigerante y aceite se pueden separar en dos fases y ya no se pueden mezclar entre sí en determinadas temperaturas. Los aceites para refrigeración y los refrigerantes con frecuencia son miscibles entre sí en un amplio rango de temperaturas. Si no es soluble, el aceite no se movería libremente alrededor del sistema y se formarían cavidades llenas de aceite que provocarían restricciones, transferencia de calor deficiente y retorno de aceite inadecuado al compresor.

Aunque la función primaria de un aceite es minimizar el desgaste mecánico a través de la lubricación y reducir los efectos de la fricción, el aceite en un sistema de refrigeración logra muchas más tareas. El aceite actúa como el sello entre los lados de descarga y succión del compresor. El aceite evitará el escape de combustión excesivo alrededor del pistón en un compresor alternativo. El aceite también evita el escape de combustión en algún compresor centrífugo al colocar un sello alrededor de sus álabes. El aceite actúa como un amortiguador del ruido reduciendo el ruido mecánico interno dentro de un compresor. El aceite también realiza tareas de transferencia de calor al eliminar el calor de la rotación interna y partes fijas.

Funciones del aceite para refrigeración

- ♦ Minimiza el desgaste mecánico
- ♦ Reduce la fricción
- ♦ Lubrica
- ♦ Sella: evita el escape de combustión
- ♦ Reduce el ruido

Grupos de aceites

Como técnicos de servicio, es importante darse cuenta de la magnitud de la transición del refrigerante y aceite que esta industria está experimentando. Los refrigerantes y aceites se han convertido en una ciencia compleja. Solían existir "criterios generales" a seguir que hacían coincidir determinada viscosidad con la aplicación de temperatura. La diversificación de aceites y aditivos de aceites utilizados con los refrigerantes actuales que no dañan el ozono e incluso los refrigerantes antiguos, hace que estos criterios generales sean obsoletos. La educación a través de leer literatura actual es un método que un técnico puede utilizar para mantenerse informado sobre estas nuevas tecnologías y cambios en nuestra industria. Un técnico ya no puede confiar en los criterios generales para agregar aceite a un sistema. Los técnicos siempre deben consultar la literatura del fabricante para cada compresor para obtener información sobre qué aceite incorporar.

Los aceites en general se pueden categorizar en dos grupos, Natural y Sintético.

Los grupos naturales son los aceites de origen animal, vegetal y mineral. Tanto los aceites animales como vegetales no se pueden refinar o destilar sin un cambio en la composición. Ambos se consideran lubricantes deficientes en la industria de la refrigeración debido a esta composición cambiante. La estabilidad deficiente es otra desventaja de los aceites animales y vegetales. Estos aceites formarán ácidos y gomas muy fácilmente. Otro problema con los aceites de origen animal y vegetal en las aplicaciones de refrigeración es su viscosidad fija. Las viscosidades diferentes para las aplicaciones de temperatura diversa en las industrias de refrigeración y aire acondicionado son obligatorias y no se pueden lograr con los aceites de origen animal o vegetal.

Aceites sintéticos

Debido a la solubilidad un poco limitada de los aceites minerales con ciertos refrigerantes tales como el R-22, los aceites sintéticos para las aplicaciones de refrigeración se han utilizado con éxito. Tres de los aceites sintéticos más populares son alquibencenos, glicoles y aceites a base de éster.

Alquibenceno

La mayoría de mezclas de refrigerantes a base de HCFC funcionan mejor con lubricantes de alquibenceno cuando se comparan con otros aceites minerales. Esto se debe a que los aceites minerales existentes no son completamente solubles en las mezclas refrigerantes. Las mezclas son solubles en una mezcla de aceite mineral y alquibenceno en una concentración de hasta 20 por ciento de aceite mineral. Esto indica que los sistemas de aceite mineral que se modifican con mezclas de refrigerante no requerirán un lavado extensivo del aceite. En la actualidad, como en el pasado, los alquibencenos se utilizan con mucha frecuencia en las aplicaciones de refrigeración (es decir, Zerol).

Glicoles

Algunos de los lubricantes a base de glicoles más populares son los polialquilenglicoles (PAG). Ellos fueron los lubricantes de la primera generación utilizados con el HFC-134a. Sin embargo, muchos lubricantes polialquilenglicoles sometidos a prueba con el HFC-134a no son totalmente solubles y se separarán. Los aceites PAG también tienen un registro de ser muy higroscópicos (atraen y retienen la humedad). No obstante, los PAG modificados todavía se están investigando. Otra desventaja de los aceites PAG es su poco contenido de aluminio en las capacidades lubricantes para el acero. También se sabe que los PAG tienen una solubilidad inversa en los sistemas de refrigeración. Esto significa que el aceite se puede separar en el condensador en lugar de hacerlo en el evaporador. Los PAG también tienen un peso molecular muy alto y pueden ser dañinos si se inhalan en ciertas concentraciones.

Esteres

Otros aceites sintéticos que están haciéndose populares son los aceites con base de éster. Una mayor ventaja de los aceites con base de éster es su composición que no contiene cera. Ninguna cera proporcionará un punto de fluidez más bajo. Un aceite popular con base de éster es el Poliolester. Los aceites a base de éster también se utilizan extensivamente en muchas mezclas de refrigerantes con base de HFC tales como el R-410A, R-407C y R-404A. Los aceites de éster son muy higroscópicos, lo que significa que atraen y retienen la humedad fácilmente. Sin embargo, consulte siempre con el fabricante del compresor antes de utilizar cualquier lubricante.

Aceite de desecho

Aunque la Environmental Protection Agency (EPA) (Agencia de Protección Ambiental) ha determinado que los aceites para refrigeración no son desechos peligrosos, desechar los aceites usados de manera descuidada está prohibido por la ley.

La EPA ha excluido específicamente "en condición de que estos aceites usados no estén mezclados con otros desechos, que los aceites usados que contengan CFC estén sujetos al reciclaje o recuperación para un uso posterior y que estos aceites usados no se mezclen con aceites usados de otras fuentes".

El aceite usado es peligroso si se encuentra que una muestra sometida a prueba contiene compuestos específicos. Las concentraciones de los compuestos específicos tales como mercurio, cadmio o plomo, o si el desecho muestra características de inflamabilidad o corrosividad, se clasifican bajo la descripción de EPA para el manejo de desechos peligrosos.

Sigue siendo parte de su responsabilidad determinar si el desecho es peligroso. Usted está obligado a asegurarse de que el desecho, si es peligroso, se descarte de manera segura y legal. Básicamente, es su desecho. Es su propiedad... Siempre.

Lubricantes para *HFC R-410A, R-407C y R-134a*

Los fabricantes de los compresores herméticos y semi-herméticos han determinado que los lubricantes de Poliolester (POE) son la mejor opción para los refrigerantes que no contienen cloro. Los refrigerantes de HFC no se mezclarán con los aceites minerales o alquibencenos. Los lubricantes POE no contienen cera y cuentan con un registro comprobado de buena miscibilidad (capacidad de mezcla) entre el aceite y los refrigerantes de HFC. Esto permite que el aceite siga siendo una solución con el refrigerante y ayuda al aceite a regresar al cárter del cigüeñal del compresor. Los nuevos sistemas de R-410A y R-407C recibirán el lubricante POE adecuado que ya está en el sistema.

Es importante que el técnico de servicio comprenda que no todos los lubricantes POE son intercambiables. Existen muchos tipos y grados de lubricantes POE que les proporcionan diferentes propiedades. Evite mezclar los POE de diferentes fabricantes o grados de viscosidad. Si se debe agregar o reemplazar el lubricante, los técnicos de servicio deben consultar con el fabricante del equipo original (OEM) si no están seguros cuál es el tipo o grado de POE que se utiliza en determinado sistema de aire acondicionado o refrigeración. No agregue simplemente cualquier aceite POE disponible en el mercado al darle mantenimiento a un sistema de aire acondicionado o refrigeración porque pueden surgir incompatibilidades del sistema con el lubricante. Los lubricantes POE están hechos de materiales básicos más costosos que la mayoría de aceites minerales.

A continuación se enumeran algunas ventajas importantes de los lubricantes POE comparadas con los aceites minerales:

- Los POE son miscibles con los refrigerantes de CFC, HCFC y HFC
- Mejores características de retorno del aceite que los aceites minerales
- Características de transferencia de calor mejoradas en comparación con los aceites minerales
- Capacidad lubricante tan buena o mejor como la de los aceites minerales

- Los POE son lubricantes que no contienen cera

Consideraciones especiales con los lubricantes de poliolester (POE)

- El lubricante POE es higroscópico (absorbe y retiene fácilmente la humedad de la atmósfera).
- Nunca guarde un POE dentro de un recipiente plástico, siempre utilice un recipiente de vidrio o metal.
- Utilice una bomba para transferir los lubricantes POE.
- Utilice un lubricante POE aprobado (los lubricantes POE no siempre son intercambiables).
- Una bomba de vacío no sacará la humedad del lubricante POE de manera efectiva (siempre se deberá utilizar un filtro secador para la línea de líquido).
- Los POE pueden irritar la piel
- Los POE pueden dañar algunos materiales de la membrana de cubierta para el techo
- Los POE son mejores solventes que los aceites minerales

Los lubricantes POE son muy higroscópicos, rápidamente absorberán la humedad y retendrán fuertemente esta humedad en el aceite (**figura 4-1**). Los técnicos de servicio se deben dar cuenta de que deben minimizar la exposición de los lubricantes a la atmósfera siempre y cuando sea posible. Si el lubricante se expone a la atmósfera, limite tal exposición a no más de 15 minutos. Almacene siempre los aceites POE en recipientes de metal o vidrio. Cuando se almacena en recipientes plásticos, el aceite POE tiene la capacidad de absorber la humedad a través del recipiente plástico. Se recomienda utilizar una bomba para mover o transferir el lubricante POE de su recipiente al sistema de refrigeración o aire acondicionado. Si el sistema está bajo vacío, interrumpa el vacío con el refrigerante adecuado para el sistema o con nitrógeno seco. Nunca interrumpa el vacío con aire debido a la exposición a la humedad atmosférica. Un filtro secador para la línea de líquido eliminará la humedad de los aceites POE que pueda ingresar al sistema. Con frecuencia las bombas de vacío no pueden eliminar la humedad del aceite POE. Las bombas de vacío están diseñadas para eliminar el agua. Incluso un vacío muy profundo no sacará las moléculas de agua del lubricante POE. Una combinación de estas prácticas ayudará a mantener las exposiciones de humedad atmosférica en el lubricante POE en un valor mínimo.

Los aceites POE pueden provocar irritaciones en la piel. Se recomienda utilizar guantes y gafas de seguridad adecuados al manejar los lubricantes POE. Cuando termine de manejar el lubricante POE, lávese por completo con agua y jabón para eliminar cualquier residuo de aceite.

Se sabe que los aceites POE dañan algunos materiales de la membrana de cubierta para el techo. El técnico de servicio siempre debe proteger la superficie del área de trabajo cuando utilice lubricantes POE.

Los aceites POE son excelentes solventes. Son mejores solventes que los aceites minerales. En los sistemas de refrigeración y aire acondicionado que tienen residuos en el interior de su tubería y componentes, estos residuos pueden pasar hacia otras partes del sistema tales como el compresor y las válvulas. Se recomienda utilizar filtros secadores para la línea de succión y líquido en los sistemas POE. Hay secadores especiales hechos para limpiar los sistemas POE húmedos. Estos secadores especiales se deben reemplazar con frecuencia hasta que los niveles de humedad del sistema regresen a la normalidad. Un filtro secador normal se puede instalar para el uso a largo plazo.

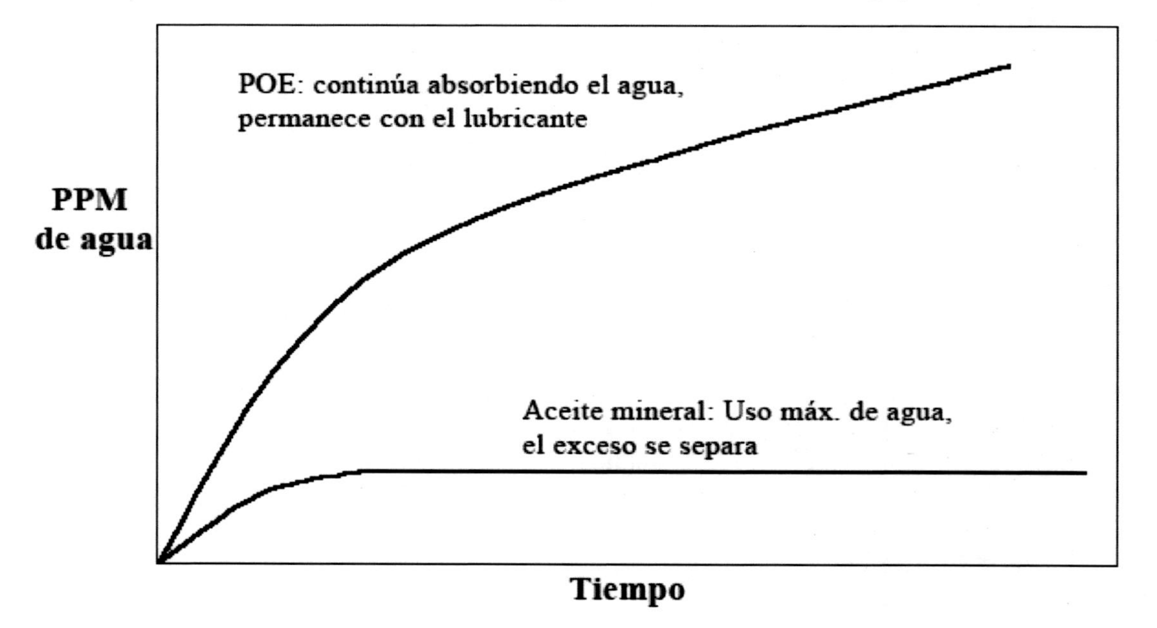

Figura 4-1

Seguridad

5

Objetivos

Después de completar esta sección estará capacitado para:

- Describir los procedimientos del manejo seguro del refrigerante
- Evaluar las políticas de protección de seguridad del lugar de trabajo (Norma 15 de ASHRAE)
- Identificar la clasificación del refrigerante según la Norma 34 de ASHRAE
- Revisar todos los procedimientos de servicio seguros para el refrigerante de presión más alta R-410A

Protección de seguridad personal

Es importante que los técnicos reciban la capacitación de seguridad adecuada y se familiaricen con las políticas que incluyen los reglamentos de Occupational Seguridad and Health Administration (OSHA), otros reglamentos federales y estatales y las políticas de la compañía o lugar de trabajo.

La protección aprobada para los ojos se debe utilizar al trabajar con refrigerantes, herramientas eléctricas o siempre que haya peligro de que los residuos salgan volando. Debe usar protección para los oídos cuando trabaje en áreas ruidosas. Evite usar ropa holgada, relojes de pulsera, anillos, etc. al trabajar cerca de la maquinaria. Los zapatos y cascos de seguridad son parte del equipo necesario en muchos lugares de trabajo.

Cuando lleve a cabo el trabajo de mantenimiento, conozca dónde está la salida de emergencia más cercana, el extinguidor y la estación de primeros auxilios.

Mantenga el área del taller limpia. Las áreas de trabajo, cubículos, salidas y gradas deben estar libres de obstáculos. Mantenga los pisos limpios y sin derrames de líquidos.

Mantenga las herramientas manuales y eléctricas en condiciones de trabajo adecuadas. Utilice siempre la herramienta correcta para el trabajo.

Cuando el uso de escaleras sea necesario, seleccione la escalera correcta para el trabajo. Inspeccione la escalera para asegurarse de que esté en buenas condiciones, que no tenga daños, grasa o aceite. Asegúrese de que la escalera esté colocada sobre una base firme y nivelada. Cuando trabaje en un techo, amarre la escalera y asegúrese de que tres peldaños de la escalera se extiendan sobre el techo. No utilice escaleras de metal cerca de los cables eléctricos.

Si un trabajo requiere usar andamiaje fijo o móvil, debe cumplir con OSHA y otras normas federales. Utilice siempre un cinturón de seguridad cuando trabaje sobre escaleras o andamios.

Los cilindros de nitrógeno se envían a una presión de 2500 psig. Todos los cilindros de nitrógeno se deben almacenar o trasladar con el tapón protector en su lugar. Guarde los cilindros y sujételos con cadenas a una pared o a una carretilla móvil diseñada para este propósito. Si un cilindro se cae, puede hacer que la válvula se quiebre, propulsando el cilindro como si fuera un misil.

Antes de utilizar el nitrógeno para la prueba de presión, los 2500 psig se deben reducir hasta una presión de trabajo segura (150 psig deben bastar, pero revise la placa de datos en la unidad para ver la presión de prueba segura). Se debe utilizar un regulador de presión y una válvula de alivio de seguridad. El nitrógeno es un gas inerte y no admite la combustión. **NUNCA** presurice un sistema con oxígeno o aire comprimido. Si hay aceite o residuos de aceite en el sistema y si agrega oxígeno, ocasionará una explosión.

Seguridad eléctrica

La corriente es el factor fulminante de la descarga eléctrica. La ley de ohmios explica la relación entre el voltaje, la corriente y resistencia. Los cuerpos humanos tienen resistencia cuando se aplica el voltaje, la corriente fluirá. Si solo un décimo de la corriente necesaria para operar una bombilla de luz de 10 vatios pasara por su pecho, los resultados serían letales. La mayoría de personas mueren por una corriente de 110 V, probablemente porque todos tendemos a darle poca importancia. La ley de ohmios establece que la cantidad de corriente que pasa a través de un conductor es directamente proporcional al voltaje aplicado.

Si se colocaran 110 voltios en una resistencia de 500 ohmios, la corriente resultante sería de 0.22 amperios o 220 mA. (La "m" significa mili, o 1/1,000) Una corriente de 2 a 3 mA generalmente ocasionará una sensación de hormigueo. La sensación de hormigueo aumenta y se vuelve muy dolorosa a casi 20 mA. La corriente entre 20 y 30 mA provocará la contracción del músculo y es probable que no pueda soltar el cable. Las corrientes entre 30 y 60 mA ocasionarán parálisis muscular y dificultad para respirar. Respirar con una corriente de 100 mA es extremadamente difícil. Las corrientes entre 100 y 200 mA por lo general ocasionan la muerte porque el corazón entra en fibrilación. Un circuito eléctrico de 110 V generalmente ocasionará un flujo de corriente entre 100 y 200 mA a través de los cuerpos de la mayoría de personas.

La energía eléctrica se debe apagar en el panel de distribución o entrada, después se debe bloquear y etiquetar en una manera aprobada para prevenir la activación accidental. El técnico que bloquea la fuente de energía debe mantener la única llave bajo su cuidado. (**Consulte la figura 5-1**)

La etiqueta debería contener la siguiente información:

- Nombre del técnico
- Servicio que se realiza
- Motivo del servicio
- Fecha y hora

Los requisitos específicos de bloqueo y etiquetado los proporciona la Occupational Seguridad and Health Administration (OSHA) (Administración de Salud y Seguridad Ocupacional).

Cuando el aparato esté conectado a una fuente de energía, ambos dispositivos de bloqueo y etiquetado utilizados de acuerdo con las normas de OSHA ayudarán a proteger a los empleados contra la energía peligrosa. Un dispositivo de bloqueo brinda protección al evitar físicamente que la máquina o el equipo se energice. Un dispositivo de etiquetado brinda protección al indicar que el equipo que se está controlando, no se puede poner a funcionar mientras el dispositivo de etiquetado está en su lugar. Los bloqueos o etiquetados se deben identificar de manera singular, deben ser los únicos dispositivos utilizados para controlar la energía peligrosa y deben cumplir con los siguientes requisitos:

Durabilidad: Los dispositivos de bloqueo y etiquetado se deben crear e imprimir para que no se deterioren o se vuelvan ilegibles, especialmente cuando se utilizan en ambientes corrosivos o húmedos.

Estandarizado: Los dispositivos de bloqueo y etiquetado se deben estandarizar por color, forma o tamaño, y también se deben estandarizar según la impresión y el formato.

Sustancial: Los bloqueos deben ser sustanciales para evitar la eliminación excepto por la fuerza excesiva de herramientas especiales, tales como cortadores de pernos. La sujeción de las etiquetas debe ser de autosujeción, que no se pueda volver a usar ni liberar, tal como el amarre de cable de nilón que soportará todos los ambientes y las condiciones.

Los procedimientos para el bloqueo o etiquetado deben incluir los siguientes pasos:

1) preparar el equipo para el apagado,
2) apagar el equipo,
3) aislar el equipo de la fuente de energía,
4) aplicar el dispositivo de bloqueo o etiquetado al dispositivo de aislamiento,
5) liberar de manera segura toda la energía residual o almacenada potencialmente peligrosa,
6) verificar el aislamiento del equipo antes del inicio del trabajo de servicio.

Etiqueta de muestra

Figura 5-1

Antes de retirar los dispositivos de bloqueo o etiquetado y de restablecer la energía de las máquinas o del equipo, se deben tomar ciertos pasos después de que el servicio se complete, incluyendo:

1) asegurarse de que los componentes del equipo estén operacionalmente intactos;

2) asegurarse de que todos los empleados estén en un lugar seguro o alejado del equipo;

3) asegurarse de que el empleado que aplicó el dispositivo, retire los dispositivos de bloqueo o etiquetado.

Ciertas pruebas se deben realizar con la electricidad conectada. Tenga extrema precaución al revisar los circuitos energizados. Conozca siempre el voltaje del circuito donde está trabajando y actúe según corresponda. Los técnicos competentes siempre toman precauciones al trabajar con los circuitos eléctricos. No trabaje solo. Si debe revisar un circuito energizado, haga que alguien más apague la electricidad, pida ayuda o proporcione resucitación cardiopulmonar (CPR).

Manejo seguro del refrigerante

Los refrigerantes y cilindros presurizados pueden ser peligrosos si no se manejan adecuadamente. Los técnicos deben comprender y seguir todas las precauciones de seguridad antes de manejar cualquier refrigerante. Los técnicos deben leer y comprender la hoja de datos de seguridad de materiales para todos los aceites, refrigerantes y cualquier otro químico que puedan utilizar en el lugar de trabajo.

Los refrigerantes son más pesados que el aire y desplazarán el oxígeno hacia un área cerrada. Debe haber una ventilación adecuada antes de que trabaje en un espacio cerrado. Si ocurre una fuga de refrigerante, desocupe el área de inmediato.

Cilindros de almacenamiento

El refrigerante presurizado en un cilindro es potencialmente peligroso. Siempre utilice gafas de seguridad, ropa y guantes protectores cuando trabaje con los refrigerantes. Una liberación del refrigerante líquido de alta presión según la presión atmosférica ocasionará que el refrigerante pase y hierva hasta convertirse en vapor, absorbiendo el calor de cualquier elemento con el que entre en contacto. Si el refrigerante entra en contacto con la piel o los ojos, puede provocar congelación o ceguera.

Los cilindros de R-410A deben estar claramente marcados y se deben guardar en un área de almacenamiento fresca, seca, debidamente ventilada, que esté alejada del calor, llamas o químicos corrosivos. Guarde los cilindros de R-410A lejos de la luz directa del sol.

NUNCA PERMITA QUE UN CILINDRO DE R-410A SE CALIENTE A MÁS DE 125° F (52° C).

El R-410A se expande significativamente a temperaturas más altas, reduciendo así el espacio del vapor en el cilindro. Una vez que un cilindro esté lleno de líquido, cualquier aumento adicional en la temperatura ocasionará una explosión.

Todos los recipientes de almacenamiento y envío deben estar especialmente diseñados para el R-410A. Esto incluye los cilindros, tanques de almacenamiento, remolques del tanque o vagones cisterna. Aunque el R-410A tiene un pequeño potencial de fraccionamiento, el R-410A se debe transferir como un líquido. Las transferencias de vapor podrían ocasionar un cambio en la composición del refrigerante.

Los cilindros de recuperación vacíos se deben sacar antes de la transferencia de refrigerante. **NO MEZCLE LOS REFRIGERANTES.** Mezclar refrigerantes puede ocasionar presiones peligrosamente altas y puede ser imposible estabilizarlas.

Los cilindros de recuperación del refrigerante nunca se deben llenar más del 80% de su capacidad de líquido. Esto deja 20% del volumen para la expansión. Si un cilindro estuviese completamente lleno, la expansión del refrigerante y la fuerza hidrostática resultante ocasionaría que el cilindro explotara.

Los cilindros de recuperación de R-410A se deben clasificar para 400 psig (utilice DOT 4BA400 o DOT 4BW400). Los cilindros se deben reemplazar o revisar y se les debe colocar la fecha cada cinco años. Inspeccione si hay muescas, óxido, ranuras o cualquier daño visible. No utilice cilindros que no sean seguros. Transporte siempre los cilindros de manera segura en posición vertical.

Para evitar el óxido, guarde siempre los cilindros en alto, utilizando una plataforma o sistema de estantes. Los cilindros presurizados siempre deben estar asegurados para evitar que se caigan o rueden. Los cilindros se deben guardar lejos de los químicos corrosivos.

Envío

Antes de enviar cualquier cilindro de refrigerante usado, revise que el cilindro cumpla con las normas DOT, complete la papelería de envío que incluye la cantidad de cilindros de cada refrigerante y etiquete correctamente el cilindro con el tipo y la cantidad de refrigerante. Los cilindros se deben transportar en posición vertical. Cada cilindro debe estar marcado con una etiqueta de clasificación DOT que indique que es un "gas no inflamable 2.2". Algunos estados pueden requerir que se sigan procedimientos de envío especiales con base en su clasificación de refrigerantes usados. Revise el DOT en el estado de origen.

Norma 34 de ASHRAE

La American Society of Heating Refrigeration and Air Conditioning Engineers (ASHRAE) (Sociedad Americana de Ingenieros de Calefacción, Refrigeración y Aire Acondicionado) clasifica los refrigerantes según su toxicidad e inflamabilidad.

La toxicidad se basa en el nivel al cual una persona se puede exponer durante su vida de trabajo sin sufrir efectos de enfermedades, definidos como el Valor límite de umbral (TLV, por sus siglas en inglés) y el Promedio ponderado de tiempo (TWA). Los refrigerantes cuya toxicidad no se ha identificado en concentraciones de o menores de 400 ppm pertenecen a la Clase A, mientras que los refrigerantes que muestran evidencia de toxicidad en concentraciones de o menores de 400 ppm son Clase B. (La mayoría de refrigerantes utilizados en la industria son Clase A.)

Las características de inflamabilidad se dividen en tres grupos numerados:

Clase 1 refrigerantes que no muestran propagación de llamas cuando se revisan en el aire a 14.7 psia (1 atmósfera) y 65° F.

Clase 2 refrigerantes que tienen un límite inferior de inflamabilidad (LFL) de más de 0.00625 lb/pies^3 a 70° F y 14.7 psia y el calor de combustión menor de 8,174 Btu/lb.

Clase 3 refrigerantes que son altamente inflamables como se define por medio de un LFL menor de o igual a 0.00625 lb/pies^3 a 70° F y 14.7 psia o un calor de combustión de o mayor de 8,174 Btu/lb.

Seguridad del cuarto del equipo/lugar de trabajo

La **norma 15 de ASHRAE** requiere el uso de sensores y alarmas para el cuarto del equipo para detectar las fugas de refrigerante. Esta norma incluye todos los grupos de seguridad del refrigerante.

Cada cuarto de maquinaria debe activar una alarma y la ventilación mecánica antes de que las concentraciones del refrigerante excedan el TLV y TWA.

Cada sistema de refrigeración debe estar protegido con un dispositivo de alivio de seguridad u otros medios de alivio de presión seguros. Varias válvulas de alivio de presión siempre se instalan en paralelo, nunca en serie. Las válvulas de alivio de presión siempre se deben ventilar hacia el exterior. ASHRAE 15 define aún más cinco áreas adicionales que se deben cubrir.

- Monitores
- Alarmas
- Ventilación
- Ventilación de purga
- Aparato de respiración

Monitores

Cada cuarto de maquinaria debe contener un detector, ubicado en un área donde la fuga del refrigerante se concentrará, lo cual activará una alarma y ocasionará que la ventilación mecánica funcione de acuerdo con 8.13.4 según un valor no mayor del TLV- TWA correspondiente (o medición de toxicidad congruente con estos).

Alarmas

Una alarma que se activa en, o por debajo del AEL (Límite de exposición aceptado) para el Grupo B1 de refrigerantes. Cuando se utiliza, se activará una alarma de oxígeno en no menos del 19.5 por ciento (%) por volumen.

Ventilación

La ventilación mecánica debe tener el tamaño y se debe utilizar conforme la Norma 15R de ASHRAE. Esto por lo general no es necesario para las aplicaciones en penthouse o livianas.

Ventilación de purga

Los discos de ruptura y purgas se deben ventilar en el exterior por medio de materiales compatibles con el refrigerante. Debe haber una válvula de purga con soporte y de cierre en la tubería de ventilación.

Aparato de respiración

Debe hacer por lo menos un aparato de respiración autocontenida aprobado para uso en caso de emergencias en un lugar conveniente dentro o muy cerca del cuatro del equipo.

Generalidades de seguridad

Siempre que sea posible, el mantenimiento o la limpieza del equipo se deben realizar sin abrir el sistema sellado. Si debe entrar a un espacio cerrado, se debe utilizar un equipo de trabajo totalmente calificado. Debe completar el formulario de ingreso al lugar cerrado y este se debe publicar en el lugar de trabajo. Los siguientes lineamientos mínimos también se DEBEN seguir:

- Extraiga todos los fusibles o conectores de seguridad
- Bloquee y etiqueta los disyuntores e interruptores
- Revise si la atmósfera es tóxica o inflamable
- Revise la deficiencia de oxígeno - 19.5 % mínimo
- Asigne e instruya a la persona que observa
- Advierta a los empleados que están en el área inmediata
- Proporcione un suministro de aire fresco
- Utilice un arnés de salvamento
- Conecte un cable de amarre
- Cuente con equipo de rescate cerca de usted
- Utilice ropa de protección

Para evitar los incidentes relacionados con la presión, asegúrese de que los cilindros y los componentes del sistema lleven la clasificación de presión correcta para el refrigerante que se está utilizando. No caliente ni almacene los cilindros donde puedan alcanzar temperaturas mayores de 125° F.

Consideraciones del R-410A

La introducción del R-410A como un reemplazo para el R-22 ha generado inquietudes sobre su seguridad. El R-410A tiene una presión de vapor mucho mayor que la mayoría de refrigerantes que se utilizan actualmente. La presión de descarga del R-410A es aproximadamente 50% a 70% mayor que el R-22.

Junto con los componentes del sistema de presión nominal superior, hemos explicado en los capítulos anteriores que los cilindros de almacenamiento (recuperación y desechables) tienen una clasificación de servicio de 400 psig. DOT 4BA 400 y DOT 4BW400 son cilindros aceptables.

El código de color para los cilindros desechables de R-410A es ROSADO. El código de color para todos los cilindros de recuperación es GRIS con la parte superior AMARILLA. Etiquete todos los cilindros de recuperación con el tipo de refrigerante que contienen.

El grupo de medidores de manifold utilizados con el R-410A requieren un rango de lado superior de 800 psig y un rango de lado inferior de 250 psig con un retardo del lado inferior de 500 psig. Se requiere que las mangueras de servicio tengan una clasificación de presión de 800 psig.

Evite mezclar el R-410A con otros refrigerantes. La mezcla no solo será difícil o imposible de recuperar, sino también las presiones acumuladas pueden exceder la clasificación de seguridad del cilindro de almacenamiento. Para evitar la contaminación cruzada, utilice una unidad de recuperación de purga automática. Los medidores de manifold y las mangueras se deben evacuar después de cada uso.

Otra opción que eliminará la probabilidad de una contaminación cruzada es apartar el equipo de servicio para el uso solo en sistemas de R-410A.

Hoja de datos de seguridad de materiales (MSDS)

Las hojas de datos de seguridad de materiales están disponibles para cada refrigerante a través del fabricante.

El técnico de servicio debe conocer los peligros de trabajar con determinado refrigerante como se indica en las MSDS.

Generalidades de las MSDS

Toxicidad

El Programa de Pruebas Alternativas de Toxicidad de Fluorocarbono (PAFT, por sus siglas en inglés) es un consorcio internacional de productores de refrigerantes. Los datos desarrollados por el PAFT III y V han confirmado que la toxicidad del R-410A está en el rango de toxicidad bajo.

Inflamabilidad

La Clasificación del grupo de seguridad de ASHRAE (Norma 34 de ASHRAE) para el R-410A es A1/A1. Underwriters Laboratory (UL) menciona el R-410A como "Prácticamente no inflamable" y el Departamento de Transporte (DOT) considera que el R-410A no es inflamable y que los tanques tienen una etiqueta verde.

Combustibilidad

Aunque el R-410A no sea inflamable, en presiones mayores de 1 atmósfera, las mezclas de R-410A y aire se pueden volver combustibles.

Nunca realice pruebas de fuga con una mezcla de R-410A y aire.

Ingestión

Es poco probable que la ingestión del R-410A o cualquier refrigerante ocurra debido a sus propiedades físicas. Si ocurre la ingestión, no induzca el vómito. Busque atención médica de inmediato.

Contacto con la piel u ojos

Como con todos los refrigerantes, debe tener cuidado para evitar que el líquido entre en contacto con la piel u ojos. Podría ocurrir congelación si el líquido experimenta la expansión directa. Enjuague rápidamente los ojos o la piel con agua tibia. Solicite atención médica. *(Los aceites POE pueden ocasionar irritaciones en la piel. Se recomienda utilizar guantes y gafas de seguridad adecuados al manejar los lubricantes POE. Cuando termine de manejar el lubricante POE, lávese por completo con agua y jabón para eliminar cualquier residuo de aceite.)*

Inhalación

La inhalación de concentraciones altas de vapores de refrigerante inicialmente ataca el sistema nervioso central, creando un efecto narcótico. Una sensación de intoxicación y mareos con pérdida de la coordinación y balbuceo son los síntomas que se experimentan. Las irregularidades cardiacas, inconciencia y por último la muerte pueden ocurrir al inhalar esta concentración. Si cualquiera de estos síntomas se hace evidente, salga al aire libre y busque ayuda médica de inmediato.

Descomposición del refrigerante

Cuando los refrigerantes se exponen a altas temperaturas por flamas abiertas o elementos del calentador resistivo, ocurre la descomposición. La descomposición produce compuestos tóxicos e irritantes, tales como el cloruro de hidrógeno (con refrigerantes tratados con cloro tales como los CFC y HCFC) y fluoruro de hidrógeno (con los CFC, HCFC y HFC). Los vapores acídicos producidos son peligrosos y el área se debe evacuar y ventilar para evitar que el personal sea expuesto.

Consideraciones ambientales

El tratamiento o la eliminación de desechos que se producen por el uso del R-410A pueden requerir consideración especial. Para obtener información específica, consulte la Hoja de datos de seguridad de materiales (MSDS). Si se desecha sin haberlo utilizado, la Ley de Conservación y Recuperación de Recursos (RCRA, por sus siglas en inglés) no considera el R-410A como un desecho peligroso. Sin embargo, el desecho del R-410A puede estar sujeto a los reglamentos federales, estatales y locales. Deberá consultar con las agencias reglamentarias adecuadas antes de eliminar los materiales de desecho.

Honeywell

Gentron®
AZ-20 (R-410A)

Material Seguridad Data Sheet
(MSDS)

FICHA DE DATOS DE SEGURIDAD

de acuerdo a la regulación de (EU) No. 1907/2006

Genetron® 410A

Versión 1. Fecha de revisión 28.08.2007 Fecha de impresión 20.09.2007

1.IDENTIFICACIÓN DE LA SUSTANCIA O EL PREPARADO Y DE LA SOCIEDAD O EMPRESA

Información del Producto

Nombre comercial : Genetron® 410A

Uso de la sustancia o del preparado : Agente de refrigeración

Identificación de la sociedad o empresa

Compañía : Honeywell Fluorine Products Europe B.V.
Laarderhoogtweg 18
1101 EA Amsterdam

Teléfono : (31) 020 5656911
Telefax : (31) 020 5656600
Teléfono de urgencias : (32) 14584545
Para informaciones complementarias, por favor ponerse en contacto con: : SafetyDataSheet@Honeywell.com

2. IDENTIFICACIÓN DE LOS PELIGROS

Advertencia de riesgo para el hombre y para el medio ambiente

Esta preparación no se clasifica como peligrosa según la Directiva 1999/45/CE.

Consejos adicionales : La rápida evaporación del líquido puede producir congelación.
Las altas concentraciones de vapor pueden causar dolores de cabeza, mareos, somnolencia y náuseas, y pueden provocar la pérdida de consciencia.
Puede causar arritmia cardíaca.

Consulte la sección 11 para obtener información detallada acerca de los síntomas y los efectos sobre la salud.

3. COMPOSICIÓN/INFORMACIÓN SOBRE LOS COMPONENTES

Descripción química

Nombre químico : Genetron® 410A

Componentes peligrosos

Nombre químico	No. CAS	No. CE	No. Indice	Clasificación	Concentración [%]
difluorometano	75-10-5	200-839-4		F+; R12	>= 50 - <= 100

Los límites de exposición laboral, en caso de existir, figuran en el epígrafe 8.
Para el texto completo de las frases R mencionadas en esta Sección, ver la Sección 16.

4. PRIMEROS AUXILIOS

Inhalación : Llevar al aire libre.
Puede ser necesaria la respiración artificial y/o el oxígeno.
Llame inmediatamente al médico.

Contacto con la piel	:	La rápida evaporación del líquido puede producir congelación. En caso de contacto con el líquido, descongelar con agua las partes afectadas y después quitarse las ropas cuidadosamente. Lavar con abundante agua Consultar un médico. Quítese inmediatamente la ropa y zapatos contaminados. Lave la ropa contaminada antes de volver a usarla.
Contacto con los ojos	:	Retirar las lentillas. Enjuague inmediatamente con abundante agua, también debajo de los párpados, durante por lo menos 15 minutos. Si persiste la irritación de los ojos, consultar a un especialista.
Ingestión	:	Dado que este producto es un gas, consulte la sección relativa a inhalación. No provocar vómitos sin consejo médico. Nunca debe administrarse nada por la boca a una persona inconsciente. Llame inmediatamente al médico.

Notas para el médico

Tratamiento	:	No dar adrenalina o drogas similares.

Consulte la sección 11 para obtener información detallada acerca de los síntomas y los efectos sobre la salud.

5. MEDIDAS DE LUCHA CONTRA INCENDIOS

Medios de extinción adecuados	:	El producto no es inflamable. ASTM D 56-82 ASTM E-681 Usar agua pulverizada, espuma resistente al alcohol, productos químicos secos o dióxido de carbono.
Peligros específicos en la lucha contra incendios	:	Posibilidad de generar reacciones peligrosas durante un incendio debido a la presencia de F y grupos Cl. El calor provoca un aumento de presión con riesgo de reventón Enfriar con agua los contenedores cerrados expuestos al fuego. Este producto no es inflamable a temperatura ambiente y presión atmosférica. Sin embargo, puede inflamarse si se mezcla con aire a presión y se expone a fuentes de ignición fuertes.
Equipo de protección especial para el personal de lucha contra incendios	:	Utilizar equipo respiratorio autónomo y traje de protección.

6. MEDIDAS EN CASO DE LIBERACIÓN ACCIDENTAL

Precauciones personales	:	Contacte inmediatamente con el personal de emergencia. Llevar equipo de protección. Impedir que se acerquen personas no pro- tegidas. Asegúrese una ventilación apropiada. En caso de ventilación insuficiente, úsese equipo respiratorio adecuado.
Precauciones para la	:	Impedir nuevos escapes o derrames de forma segura.

protección del medio ambiente		El producto se evapora fácilmente.

Ver sección 8 para el equipo de protección personal.

7. MANIPULACIÓN Y ALMACENAMIENTO

Manipulación

Consejos para una manipulación segura	:	Abra el bidón con precaución ya que el contenido puede estar presurizado. El producto deberá ser usado solamente en áreas en las cuales todas las lu excluídas. Recipiente a presión. Protéjase de los rayos solares y evítese exponerlo a temperaturas superiores a 50 °C. No agujerear ni quemar, incluso después de usarlo. No vaporizar hacia una llama o un cuerpo incandescente. No utilizar en las zonas sin una ventilación adecuada. El equipo contaminado (brochas, trapos) deben limpiarse inmediatamente con agua.

Almacenamiento

Información complementaria sobre las condiciones de almacenamiento	:	Almacenar en envase original. Mantener alejado de la luz directa del sol. Mantener los envases herméticamente cerrados en un lugar fresco y bien ventilado.

8. CONTROLES DE LA EXPOSICIÓN/PROTECCIÓN PERSONAL

Componentes con valores límite a controlar en el lugar de trabajo

No contiene sustancias con valores límites de exposición profesional.

Protección personal

Protección respiratoria	:	Observaciones: En caso de ventilación insuficiente, úsese equipo respiratorio adecuado.
Protección de las manos	:	Material del guante: goma butílica Guantes resistentes al calor
Protección de los ojos	:	Gafas de seguridad con protecciones laterales conformes con la EN166 Pantalla facial
Protección de la piel y del cuerpo	:	Calzado protector
Medidas de protección	:	Los equipos de protección personal deben cumplir las normas EN vigentes: Protección respiratoria EN 136, 140, 149; Gafas protectoras/Protección ocular EN 166; Vestimenta de protección EN 340, 463, 469, 943-1, 943-2; Guantes protectores CEN 374; Zapatos protectores EN-ISO 20345.

9. PROPIEDADES FÍSICAS Y QUÍMICAS

Aspecto

Estado físico	:	Gas licuado
Color	:	incoloro
Olor	:	débil
peso molecular	:	Observaciones: no aplicable

Datos de Seguridad

Punto /intervalo de ebullición	:	-52,8 °C
Punto de ignición	:	Observaciones: no aplicable
Densidad	:	1,08 g/cm3
Solubilidad en agua	:	1,5 g/l
Coeficiente de reparto n-octanol/agua	:	log Pow 1,48 Medios: Etano, pentafluoro- (HFC-125)
Densidad relativa del vapor	:	3
Velocidad de evaporación	:	> 1 Método: Comparado con CCl4.

10. ESTABILIDAD Y REACTIVIDAD

Condiciones que deben evitarse	:	El calor provoca un aumento de presión con riesgo de reventón Recipiente a presión. Protéjase de los rayos solares y evítese exponerlo a temperaturas superiores a 50 °C. No agujerear ni quemar, incluso después de usarlo. No vaporizar hacia una llama o un cuerpo incandescente.
Materias que deben evitarse	:	Sustancias oxidantes Incompatibilidad posible con los materiales de álcalis sensibles. Metales en polvo
Productos de descomposición peligrosos	:	Compuestos halogenados Fluoruro de hidrógeno Haluros de carbonilo Óxidos de carbono
Descomposición térmica	:	>250 °C

11. INFORMACIÓN TOXICOLÓGICA

Toxicidad aguda por inhalación	: CL50 Especies: rata Dosis: > 800000 ppm Tiempo de exposición: 4 h Sustancía test: Etano, pentafluoro- (HFC-125)
Toxicidad aguda por inhalación	: CL50 Especies: rata Dosis: 520000 ppm Tiempo de exposición: 4 h Sustancía test: Difluorometano (HFC-32)
Toxicidad por dosis repetidas	: Especies: rata NOEL: 20000 ppm
Información derivada de esperiencia práctica.	: Inhalación: Puede causar arritmia cardíaca. Ingestión: Sin riesgos a mencionar especialmente. Contacto con la piel: La rápida evaporación del líquido puede producir congelación. Irrita la piel. Contacto con los ojos: Irrita los ojos. Etano, pentafluoro- (HFC-125): Umbral de sensibilización cardíaca (perros): 75000 ppm. Difluoromethane (HFC-32): Umbral de sensibilización cardíaca (perros): 350000 ppm.

12. INFORMACIÓN ECOLÓGICA

Potencial de reducción de ozono (ODP)	: 0
Potencial de calentamiento global (PCG)	: 1.975
Información ecológica complementaria	: La acumulación en los organismos acuáticos es improbable.

13. CONSIDERACIONES RELATIVAS A LA ELIMINACIÓN

Producto	: Ofertar el sobrante y las soluciones no-aprovechables a una compañia de vertidos acreditada. Remitirse al fabricante o proveedor para obtener información sobre su recuperación/reciclado.
Observaciones	: El proveedor no considera este producto como un residuo peligroso en virtud de la directiva de la UE 91/689/CE.
Código de residuos para producto no utilizado	: Clasificación: 14.06.01

14. INFORMACIÓN RELATIVA AL TRANSPORTE

ADR

UN Nombre	:	3163
Descripción de los productos	:	LIQUEFIED GAS, N.O.S. (PENTAFLUOROETHANE, DIFLUOROMETHANE)
Clase	:	2
Código de clasificación	:	2A
Número de identificación de peligro	:	20
Hazard Label	:	2.2

IATA

UN Nombre	:	3163
Descripción de los productos	:	Liquefied gas, n.o.s. (Pentafluoroethane, Difluoromethane)
Clase	:	2.2
Hazard Label	:	2.2
Instrucción de embalaje (avión de carga)	:	200
Instrucción de embalaje (avión de pasajeros)	:	200

IMDG

UN Nombre	:	3163
Descripción de los productos	:	LIQUEFIED GAS, N.O.S. (PENTAFLUOROETHANE, DIFLUOROMETHANE)
Clase	:	2.2
Hazard Label	:	2.2
EmS Nombre	:	F-C
Contaminante marino	:	no

RID

UN Nombre	:	3163
Descripción de los productos	:	LIQUEFIED GAS, N.O.S. (PENTAFLUOROETHANE, DIFLUOROMETHANE)
Clase	:	2
Código de clasificación	:	2A
Número de identificación de peligro	:	20
Hazard Label	:	2.2

15. INFORMACIÓN REGLAMENTARIA

Etiquetado de acuerdo con las Directivas CE 1999/45/CE

Otra datos : No es una sustancia o una preparación peligrosa según la Directiva de la CE 67/548/CEE o 1999/45/CE.
El producto no necesita ser etiquetado de acuerdo con las

directivas de la Comunidad Europea ó las respectivas leyes nacionales.

Otros regulaciones : Para un uso industrial únicamente.
Reservado exclusivamente a usuarios profesionales.
Reglamento (CE) n o 842/2006/EC

16. OTRA INFORMACIÓN

Otra datos

La información proporcionada en esta Ficha de Datos de Seguridad, es la más correcta de que disponemos a la fecha de su publicación. La información suministrada, está concebida solamente como una guía para laseguridad en el manejo, uso, procesado, almacenamiento, transporte, eliminación y descarga, y no debe ser considerada como una garantía o especificación de calidad. La información se refiere únicamente al material especificado, y no puede ser válida para dicho material, usado en combinación con otros materiales o en cualquier proceso, a menos que sea indicado en el texto. La determinación final relativa a la idoneidad de todo material es responsabilidad exclusiva del usuario.
La información suministrada no es garantía de las características.

Honeywell

Gentron®
407C (R-407C)

Hoja de datos de seguridad de materiales (MSDS)

FICHA DE DATOS DE SEGURIDAD

de acuerdo a la regulación de (EU) No. 1907/2006

Genetron® 407C

Versión 1. Fecha de revisión 28.08.2007 Fecha de impresión 21.09.2007

1.IDENTIFICACIÓN DE LA SUSTANCIA O EL PREPARADO Y DE LA SOCIEDAD O EMPRESA

Información del Producto

Nombre comercial : Genetron® 407C

Uso de la sustancia o del preparado : Agente de refrigeración

Identificación de la sociedad o empresa

Compañía : Honeywell Fluorine Products Europe B.V.
Laarderhoogtweg 18
1101 EA Amsterdam

Teléfono : (31) 020 5656911

Telefax : (31) 020 5656600

Teléfono de urgencias : (32) 14584545

Para informaciones complementarias, por favor ponerse en contacto con: : SafetyDataSheet@Honeywell.com

2. IDENTIFICACIÓN DE LOS PELIGROS

Advertencia de riesgo para el hombre y para el medio ambiente

Esta preparación no se clasifica como peligrosa según la Directiva 1999/45/CE.

Consejos adicionales : La rápida evaporación del líquido puede producir congelación.
Las altas concentraciones de vapor pueden causar dolores de cabeza, mareos, somnolencia y náuseas, y pueden provocar la pérdida de consciencia.
Puede causar arritmia cardíaca.

Consulte la sección 11 para obtener información detallada acerca de los síntomas y los efectos sobre la salud.

3. COMPOSICIÓN/INFORMACIÓN SOBRE LOS COMPONENTES

Descripción química

Nombre químico : Genetron® 407C

Componentes peligrosos

Nombre químico	No. CAS	No. CE	No. Indice	Clasificación	Concentración [%]
difluorometano	75-10-5	200-839-4		F+; R12	>= 20 - < 25

Los límites de exposición laboral, en caso de existir, figuran en el epígrafe 8.
Para el texto completo de las frases R mencionadas en esta Sección, ver la Sección 16.

4. PRIMEROS AUXILIOS

Inhalación : Llevar al aire libre.
Puede ser necesaria la respiración artificial y/o el oxígeno.
Llame inmediatamente al médico.

Contacto con la piel	:	La rápida evaporación del líquido puede producir congelación. En caso de contacto con el líquido, descongelar con agua las partes afectadas y después quitarse las ropas cuidadosamente. Lavar con abundante agua Consultar un médico. Quítese inmediatamente la ropa y zapatos contaminados. Lave la ropa contaminada antes de volver a usarla.
Contacto con los ojos	:	Retirar las lentillas. Enjuague inmediatamente con abundante agua, también debajo de los párpados, durante por lo menos 15 minutos.
Ingestión	:	Dado que este producto es un gas, consulte la sección relativa a inhalación. No provocar vómitos sin consejo médico. Nunca debe administrarse nada por la boca a una persona inconsciente. Llame inmediatamente al médico.

Notas para el médico

Tratamiento	:	No dar adrenalina o drogas similares.

Consulte la sección 11 para obtener información detallada acerca de los síntomas y los efectos sobre la salud.

5. MEDIDAS DE LUCHA CONTRA INCENDIOS

Medios de extinción adecuados	:	El producto no es inflamable. ASHRAE 34 Usar agua pulverizada, espuma resistente al alcohol, productos químicos secos o dióxido de carbono.
Peligros específicos en la lucha contra incendios	:	Posibilidad de generar reacciones peligrosas durante un incendio debido a la presencia de F y grupos Cl. El calor provoca un aumento de presión con riesgo de reventón Enfriar con agua los contenedores cerrados expuestos al fuego. Este producto no es inflamable a temperatura ambiente y presión atmosférica. Sin embargo, puede inflamarse si se mezcla con aire a presión y se expone a fuentes de ignición fuertes.
Equipo de protección especial para el personal de lucha contra incendios	:	Utilizar equipo respiratorio autónomo y traje de protección.

6. MEDIDAS EN CASO DE LIBERACIÓN ACCIDENTAL

Precauciones personales	:	Contacte inmediatamente con el personal de emergencia. Llevar equipo de protección. Impedir que se acerquen personas no pro- tegidas. Asegúrese una ventilación apropiada. En caso de ventilación insuficiente, úsese equipo respiratorio adecuado.
Precauciones para la protección del medio ambiente	:	Impedir nuevos escapes o derrames de forma segura. El producto se evapora fácilmente.

Ver sección 8 para el equipo de protección personal.

7. MANIPULACIÓN Y ALMACENAMIENTO

Manipulación

Consejos para una manipulación segura	:	Abra el bidón con precaución ya que el contenido puede estar presurizado. El producto deberá ser usado solamente en áreas en las cuales todas las lu excluídas. Recipiente a presión. Protéjase de los rayos solares y evítese exponerlo a temperaturas superiores a 50 °C. No agujerear ni quemar, incluso después de usarlo. No vaporizar hacia una llama o un cuerpo incandescente. No utilizar en las zonas sin una ventilación adecuada. El equipo contaminado (brochas, trapos) deben limpiarse inmediatamente con agua.

Almacenamiento

Información complementaria sobre las condiciones de almacenamiento	:	Almacenar en envase original. Mantener alejado de la luz directa del sol. Mantener los envases herméticamente cerrados en un lugar fresco y bien ventilado.

8. CONTROLES DE LA EXPOSICIÓN/PROTECCIÓN PERSONAL

Componentes con valores límite a controlar en el lugar de trabajo

No contiene sustancias con valores límites de exposición profesional.

Protección personal

Protección respiratoria	:	Observaciones: En caso de ventilación insuficiente, úsese equipo respiratorio adecuado.
Protección de las manos	:	Material del guante: goma butílica Guantes resistentes al calor
Protección de los ojos	:	Gafas de seguridad con protecciones laterales conformes con la EN166 Pantalla facial
Protección de la piel y del cuerpo	:	Calzado protector
Medidas de protección	:	Los equipos de protección personal deben cumplir las normas EN vigentes: Protección respiratoria EN 136, 140, 149; Gafas protectoras/Protección ocular EN 166; Vestimenta de protección EN 340, 463, 469, 943-1, 943-2; Guantes protectores CEN 374; Zapatos protectores EN-ISO 20345.

9. PROPIEDADES FÍSICAS Y QUÍMICAS

Aspecto

Estado físico	:	Gas licuado
Color	:	incoloro
Olor	:	ligero
peso molecular	:	Observaciones: no aplicable

Datos de Seguridad

Punto /intervalo de ebullición	:	-43,9 °C
Punto de ignición	:	Observaciones: no aplicable
Densidad	:	1,16 g/cm3
Solubilidad en agua	:	1,5 g/l
Coeficiente de reparto n-octanol/agua	:	log Pow 1,06 Medios: 1,1,1,2-tetrafluoroetano (HFC-134a)
Coeficiente de reparto n-octanol/agua	:	log Pow 1,48 Medios: Etano, pentafluoro- (HFC-125)
Densidad relativa del vapor	:	3
Velocidad de evaporación	:	> 1 Método: Comparado con CCl4.

10. ESTABILIDAD Y REACTIVIDAD

Condiciones que deben evitarse	:	El calor provoca un aumento de presión con riesgo de reventón Recipiente a presión. Protéjase de los rayos solares y evítese exponerlo a temperaturas superiores a 50 °C. No agujerear ni quemar, incluso después de usarlo. No vaporizar hacia una llama o un cuerpo incandescente.
Materias que deben evitarse	:	Sustancias oxidantes Incompatibilidad posible con los materiales de álcalis sensibles. Metales en polvo
Productos de descomposición peligrosos	:	Compuestos halogenados Fluoruro de hidrógeno Haluros de carbonilo Óxidos de carbono
Descomposición térmica	:	>250 °C

11. INFORMACIÓN TOXICOLÓGICA

Toxicidad aguda por inhalación	:	CL50 Especies: rata Dosis: > 500000 ppm Tiempo de exposición: 4 h Sustancía test: 1,1,1,2-tetrafluoroetano (HFC-134a)
Toxicidad aguda por inhalación	:	CL50 Especies: rata Dosis: 520000 ppm Tiempo de exposición: 4 h Sustancía test: Difluorometano (HFC-32)
Toxicidad aguda por inhalación	:	CL50 Especies: rata Dosis: > 800000 ppm Tiempo de exposición: 4 h Sustancía test: Etano, pentafluoro- (HFC-125)
Toxicidad por dosis repetidas	:	Especies: rata NOEL: > 10000 ppm
Información derivada de esperiencia práctica.	:	Inhalación: Puede causar arritmia cardíaca. Ingestión: Sin riesgos a mencionar especialmente. Contacto con la piel: La rápida evaporación del líquido puede producir congelación. Irrita la piel. Contacto con los ojos: Irrita los ojos. 1,1,1,2-tetrafluoroetano (HFC-134a): Umbral de sensibilización cardíaca (perros): 80000 ppm. Etano, pentafluoro- (HFC-125): Umbral de sensibilización cardíaca (perros): 75000 ppm. Difluoromethane (HFC-32): Umbral de sensibilización cardíaca (perros): 350000 ppm.

12. INFORMACIÓN ECOLÓGICA

Potencial de reducción de ozono (ODP)	:	0
Potencial de calentamiento global (PCG)	:	1.990
Información ecológica complementaria	:	La acumulación en los organismos acuáticos es improbable.

13. CONSIDERACIONES RELATIVAS A LA ELIMINACIÓN

Producto	:	Ofertar el sobrante y las soluciones no-aprovechables a una compañia de vertidos acreditada. Remitirse al fabricante o proveedor para obtener información

		sobre su recuperación/reciclado.
Observaciones	:	El proveedor no considera este producto como un residuo peligroso en virtud de la directiva de la UE 91/689/CE.
Código de residuos para producto no utilizado	:	Clasificación: 14.06.01

14. INFORMACIÓN RELATIVA AL TRANSPORTE

ADR

UN Nombre	:	3340
Descripción de los productos	:	REFRIGERANT GAS R 407C
Clase	:	2
Código de clasificación	:	2A
Número de identificación de peligro	:	20
Hazard Label	:	2.2

IATA

UN Nombre	:	3340
Descripción de los productos	:	Refrigerant gas R 407C
Clase	:	2.2
Hazard Label	:	2.2
Instrucción de embalaje (avión de carga)	:	200
Instrucción de embalaje (avión de pasajeros)	:	200

IMDG

UN Nombre	:	3340
Descripción de los productos	:	REFRIGERANT GAS R 407C
Clase	:	2.2
Hazard Label	:	2.2
EmS Nombre	:	F-C
Contaminante marino	:	no

RID

UN Nombre	:	3340
Descripción de los productos	:	REFRIGERANT GAS R 407C
Clase	:	2
Código de clasificación	:	2A
Número de identificación de peligro	:	20
Hazard Label	:	2.2

15. INFORMACIÓN REGLAMENTARIA

Etiquetado de acuerdo con las Directivas CE 1999/45/CE

Otra datos : No es una sustancia o una preparación peligrosa según la

Directiva de la CE 67/548/CEE o 1999/45/CE.
El producto no necesita ser etiquetado de acuerdo con las directivas de la Comunidad Europea ó las respectivas leyes nacionales.

Otros regulaciones : Para un uso industrial únicamente.
Reservado exclusivamente a usuarios profesionales.
Reglamento (CE) n o 842/2006/EC

16. OTRA INFORMACIÓN

Otra datos

La información proporcionada en esta Ficha de Datos de Seguridad, es la más correcta de que disponemos a la fecha de su publicación. La información suministrada, está concebida solamente como una guía para laseguridad en el manejo, uso, procesado, almacenamiento, transporte, eliminación y descarga, y no debe ser considerada como una garantía o especificación de calidad. La información se refiere únicamente al material especificado, y no puede ser válida para dicho material, usado en combinación con otros materiales o en cualquier proceso, a menos que sea indicado en el texto. La determinación final relativa a la idoneidad de todo material es responsabilidad exclusiva del usuario.
La información suministrada no es garantía de las características.

6

Apéndice I

Historia de los refrigerantes

Historia de los refrigerantes

Aunque el agua y el hielo fueron los primeros refrigerantes, el éter fue el primer refrigerante comercial. En 1850, el hielo se formaba al evaporar el éter con un vacío producido por una bomba impulsada por vapor. En 1855, existía una máquina de éter que podía producir un máximo de 2,000 libras de hielo por día. Este era un proceso de compresión de vapor que utilizaba fluido de éter volátil como refrigerante. Luego, el refrigerante se condensaba y se volvía a usar sin generar desechos de éter. Se desarrollaron muchas otras máquinas a base de éter incluyendo una que transportaba carnes frías por el mar desde Francia hasta América del Sur por barco. Debido a que el éter operado en vacío era extremadamente inflamable, la última máquina de éter se fabricó en 1902.

En las décadas siguientes hubo varios compuestos que se probaron como refrigerantes. De hecho, alguien puede decir con certeza que casi todo líquido volátil se probó como refrigerante. La refrigeración por compresión mecánica de vapor se estableció firmemente con el cambio del siglo. Sin embargo, todos estos primeros refrigerantes tenían desventajas y ventajas. A continuación se enumeran algunos de los refrigerantes más populares utilizados por fechas.

1850-1856
Una máquina de amoníaco (R-717) recibió una patente. Las buenas propiedades termodinámicas y los bajos costos hicieron que el amoníaco se convirtiera en un refrigerante de amplio uso incluso hasta hoy. El amoníaco es muy irritable para las membranas mucosas y es inflamable en determinadas concentraciones.

1882-1886
Se utilizó dióxido de carbono (R-744) en los barcos ingleses hasta la década de 1940, hasta que fue reemplazo por los clorofluorocarbonos. Los sistemas de dióxido de carbono nunca tuvieron un uso tan expandido en los Estados Unidos.

1880-1940
El dióxido de azufre (R-764) tiene una ventaja de costos bajos y presiones de funcionamiento bajas para los climas más cálidos, pero presiones suficientemente altas como para quedarse fuera del vacío. El dióxido de azufre se utilizó como refrigerante en los refrigeradores domésticos alrededor de 1900. Una desventaja de los sistemas de dióxido de azufre fue que el refrigerante reacciona con la humedad y

forma ácido sulfúrico. Esto dio como resultado muchos compresores confiscados. Aunque el dióxido de azufre es un refrigerante tóxico, las fugas más pequeñas se pueden detectar por el olor. Este refrigerante continuó siendo popular en unidades más pequeñas hasta la década de 1940.

1890

El clorometano (R-40) se utilizó con moderación en los Estados Unidos hasta 1910. Su primer uso fue en el transporte de carnes a través del mar. El clorometano tiene un olor dulce, de éter y tiene un efecto algo anestésico cuando se inhala. También es levemente inflamable. Las fugas en los sistemas más grandes tenían muchos resultados fatales. Este refrigerante también reaccionó con el aluminio en los motores herméticos en la década de 1940. Su uso declinó a finales de la década de 1930.

1880-1890

Se utilizó el cloruro de etileno (R-160) como un anestésico. El refrigerante líquido se rociaba sobre la piel antes de la cirugía. Este refrigerante se utilizó en algunos refrigeradores domésticos después de 1900.

Algunos otros refrigerantes con los que se experimentó y que se utilizaron con frecuencia por períodos cortos incluyen:

metilamina
óxido nitroso
butano
propileno
tetracloruro de carbono
dieleno
bromuro de etilo
nafta
acetato de metilo
pentano
isobuteno
gasolina
trieleno

La mayoría de refrigerantes mencionados hasta ahora son tóxicos, inflamables o tienen un olor horrible. Siempre existió algún riesgo para la salud al incorporar estos refrigerantes en el hogar. La industria de refrigeración necesitaba refrigerantes más nuevos y más seguros. La compañía Frigidaire pidió a General Research Laboratories que desarrollara un refrigerante seguro. Esto fue el comienzo de los refrigerantes de clorofluorocarbonos (CFC). El equipo de investigación, dirigido por Thomas Midgley de General Motors, se decidió a usar el R-12 como el refrigerante más adecuado para el uso comercial. El primer uso del R-12 fue en las aplicaciones pequeñas para hacer helados en 1931. El R-12 pronto se convirtió en un refrigerante comercial para los enfriadores de cuartos. En 1933, el R-12 se utilizó con frecuencia en los compresores centrífugos para las aplicaciones de aire acondicionado.

Con los años siguientes vino el desarrollo de muchos más refrigerantes de clorofluorocarbonos. A continuación se enumeran estos refrigerantes con las fechas de introducción al mercado comercial junto con otras fechas importantes.

1930	Desarrollo de clorofluorocarbonos
1931	R-12
1932	R-11
1933	R-114
1934	R-113
1936	R-22
1961	R-502 Una mezcla azeotrópica de HCFC-22 y CFC-115
1974	Teoría de la reducción del ozono.
1978	Prohibición de uso en los aerosoles no esenciales. Apareció el calentamiento global.
1985	Se descubrió un agujero en el ozono estratosférico.
1987	Protocolo de Montreal. Programa de tasas de impuestos actuales para los refrigerantes de CFC.
1990	Enmiendas a la ley del aire limpio. Reducciones y prohibiciones a la producción de refrigerante.
Julio de 1992	Se establece como ilegal liberar los CFC y HCFC en la atmósfera.
15 de noviembre de 1995	Se establece como ilegal liberar refrigerantes alternativos (HFC) en la atmósfera.
1996	Descontinuación de los refrigerantes de CFC.
1996	Se detiene la producción de HCFC.
1997	El protocolo de Kyoto intentó reducir la producción de gases de calentamiento global en todo el mundo. El calentamiento global se ha convertido en un serio problema ambiental.
1998	La EPA "propuso" reglamentos más estrictos para los índices de fuga del equipo con normas de recuperación/reciclaje y refrigerantes alternativos.
2020	No más producción ni importación del HCFC-22 (R-22).
2030	No más producción ni importación de cualquier refrigerante de HCFC.

TABLA DE DESCONTINUACIÓN

Protocolo de Montreal		Estados Unidos	
Año en el cual los países desarrollados deben alcanzar % de reducción en el consumo	% de reducción en el consumo usando el límite como una referencia	Año a implementarse	Implementación de la descontinuación del HCFC por medio de los reglamentos de la Ley de aire limpio
2004	35.0%	2003	No más producción ni importación del HCFC-141b
2010	65%	2010	No más producción ni importación del HCFC-141b y HCFC-22, excepto para el uso en equipo fabricado antes del 1/1/2010 (así que no más producción ni importación del equipo NUEVO que utiliza estos refrigerantes)
2015	90%	2015	No más producción ni importación de cualquier HCFC, excepto para el uso de refrigerantes en el equipo fabricado antes del 1/1/2020
2020	99.5%	2020	No más producción ni importación del HCFC-142b y HCFC-22
2030	100%	2030	No más producción ni importación de cualquier HCFC

7

Apéndice II

Glosario

Abertura
Una conexión de servicio o puerto utilizado para acceder a un sistema de refrigeración sellado, como una válvula de perforación de autosujeción.

Aceite
1. Un lubricante líquido. 2. Un combustible líquido, pesado.

Aceite éster
Un aceite utilizado con refrigerantes de hidrofluorocarbono (HFC).

Acondicionador de aire
Un dispositivo que modifica la temperatura, humedad, limpieza o calidad general del aire.

Acoplamientos de desconexión rápida
Acoplamientos utilizados en las mangueras del refrigerante que se sellan automáticamente cuando se retiran de un aparato. *Los acoplamientos de desconexión rápida ayudarán a reducir las pérdidas del refrigerante al retirar las mangueras.*

Acoplamientos de pérdida mínima
Cualquier dispositivo que conecta las mangueras, los aparatos o las máquinas de recuperación o reciclaje, que está diseñado para cerrarse automáticamente o para cerrarse manualmente cuando está desconectado.

Acumulador
Un dispositivo en la salida del evaporador que evita que el refrigerante líquido regrese al compresor.

Adaptador del proceso
Un tubo que se extiende desde el compresor o filtro secador de un sistema hermético. Se utiliza para obtener acceso al sistema sellado.

AEV
Válvula de expansión automática.

Aire acondicionado
Ciencia que controla la temperatura, humedad, limpieza o calidad general del aire.

Alquibenceno
Un lubricante orgánico que esta hecho de propileno de químicos sin refinar, un gas hidrocarburo incoloro y benceno, un hidrocarburo líquido incoloro.

Antídoto
Una sustancia que contrarresta los efectos de un veneno.

Aparato de alta presión
Un aparato que utiliza un refrigerante con un punto de ebullición entre 50 grados C y 10 grados C a presión atmosférica.

Aparato de baja presión
Un aparato que utiliza un refrigerante con un punto de ebullición mayor de 50 grados F a presión atmosférica. La presión evaporativa está por debajo de la atmosférica.

Aparato de presión muy alta
Un aparato que utiliza un refrigerante con un punto de ebullición por debajo de -50º C a presión atmosférica.

Aparato
Un término amplio utilizado para los dispositivos eléctricos, incluyendo las unidades de aire acondicionado y refrigeración (refrigerador, congelador, acondicionador de aire central, cuarto frío o enfriador centrífugo).

Atmósfera
Aire, los gases que rodean la tierra.

Atomizar
Para reducir un rocío fino o partículas diminutas.

Átomo
La unidad más pequeña de un elemento. Cada átomo está compuesto por un *núcleo* cargado positivamente y un grupo de *electrones* cargados negativamente que giran alrededor del núcleo. El núcleo está formado de *protones* cargados positivamente y *neutrones* que no tienen carga. Los átomos se juntan entre sí para formar *moléculas*.

Azeótropo
Una mezcla que hierve constantemente. Una mezcla de dos líquidos que hierven en una composición constante, la composición del vapor es la misma del líquido. Cuando la mezcla hierve, al principio el vapor tiene una proporción superior de un componente que está presente en el líquido, de manera que esta proporción en el líquido cae con el transcurso del tiempo. Eventualmente, se alcanzan los puntos máximos y mínimos, en los cuales los dos líquidos destilan juntos sin ningún cambio en la composición. Una composición de azeótropo depende de la presión. (Consulte zeótropo.)

Binario
Cualquier cosa formada de dos partes. De la palabra en latín que significa "dos por dos".

Bomba
Una máquina utilizada para crear el flujo del líquido.

Bomba de vacío
Una bomba de vapor capaz de crear el grado de vacío necesario para evaporar la humedad cerca de la temperatura ambiente.

Btuh
Btu por hora.

Bulbo, termóstatico
Un bulbo lleno de líquido que responde a una temperatura remota de su control.

Caída de presión
La pérdida de presión de líquido debido a la fricción que crean las válvulas o las superficies internas irregulares de un sistema de tuberías.

Calentamiento global
Con frecuencia se conoce como *efecto invernadero*. En el calentamiento global, los contaminantes troposféricos tales como CFC, HCFC, HFC, dióxido de carbono y monóxido de carbono, absorben y reflejan la radiación infrarroja de la tierra. Esto ocasiona una nueva radiación que regresa a la tierra y un aumento gradual en la temperatura promedio de la tierra.

Calibrar
Ajustar las graduaciones de un instrumento de medición.

Calor
La forma de energía relacionada con una vibración molecular.

Calor latente
Calor que no se puede medir con un termómetro. El calor latente se genera cuando las sustancias cambian de estado.

Calor sensible
Energía de calor que, cuando se agrega o se retira de una sustancia, provoca un aumento o descenso en la temperatura.

Calor total
La suma del calor latente y sensible contenido en una sustancia; véase entalpía.

Cambio de estado
La transición de uno de los tres estados de la materia (gas, líquido o sólido) a otro.

Carga
1. Refrigerante contenido en un sistema sellado o en un bulbo termostático, como la de una válvula de expansión termostática. 2. Agregar refrigerante a un sistema.

Carga total
La cantidad de refrigerante necesario para el funcionamiento de un

sistema, más el refrigerante necesario para llenar sus líneas, que pueden tener una longitud variable.

Cargado de vapor
Líneas y componentes que están llenos de refrigerante antes del envío desde la fábrica.

Cero (presión y temperatura absolutas)
En los sistemas de medición absoluta, la ausencia de una condición, es decir calor o presión. En los sistemas no absolutos, un punto de inicio arbitrario para la medición.

Cero absoluto
Temperatura teórica con la cual el movimiento molecular se detiene; igual a -460° F (-275° C). La temperatura más baja posible.

CFC completamente halogenado
Cuando todos los átomos de hidrógeno en una molécula de hidrocarbono se reemplazan por los átomos de cloro o flúor.

Ciclo corto
Arranque y parada continuas de un sistema durante un período más corto que normal, debido a un mal funcionamiento.

Ciclo de refrigeración
Un proceso durante el cual un refrigerante absorbe el calor a una temperatura relativamente baja y rechaza el calor a una temperatura más alta.

Cilindro desechable
Un cilindro de refrigerante de un solo uso; no se debe rellenar.

Cloro: **(CL)**
Un elemento químico utilizado en la fabricación de los refrigerantes de CFC y HCFC.

Clorofluorocarbonos (CFC)
Cualquiera de varios compuestos formados por cloro, flúor y carbono. Los CFC se utilizaron como propulsores de aerosol y refrigerantes hasta que se detectó que eran dañinos para la capa de ozono protectora de la tierra.

Compatible
Capaz de tener una integración y operación ordenadas, eficientes con otros elementos en un sistema.

Compresión
La compresión de un gas para reducir su volumen.

Compresor
Una bomba mecánica en un sistema de refrigeración que ingresa el

vapor del refrigerante y eleva su temperatura y presión hasta el punto donde se puede condensar para volverlo a utilizar.

Compuesto
En química, una sustancia que contiene dos o más elementos en proporciones definidas. Solo una molécula está presente en un compuesto.

Condensador
Un intercambiador de calor en el cual el vapor del refrigerante comprimido se enfría hasta que se convierte en líquido.

Condensar
Cambiar de un vapor a un líquido. De la palabra en latín que significa “espesar”.

Configuración
Una disposición de elementos o partes de un sistema.

Contaminantes
Suciedad, humedad o cualquier otra sustancia que es extraña para un refrigerante.

Control del refrigerante
Cualquier válvula o dispositivo que regula el flujo del refrigerante a través de un sistema.

DeMinimis
Mínimo. La cantidad, número o grado más pequeño posible o permisible.

De-recalentador
Un accesorio que disminuye la temperatura del vapor sobrecalentado hasta las condiciones la saturación o próximas a la saturación.

Detector de fugas
Cualquier dispositivo o sustancia que ubica las fugas de líquido (especialmente de refrigerante o gas) al reaccionar a su presencia.

Devolver
El proceso de devolver el refrigerante recuperado según las especificaciones del nuevo producto. Esto generalmente se realiza en un centro de reprocesamiento.

Diagrama de cableado
Una ilustración de varias conexiones y componentes en un sistema eléctrico.

Diferencia de temperatura
La cantidad de grados entre dos temperaturas; determina la velocidad de la transferencia de calor de la sustancia más caliente a la más fría.

Dispositivo de medición
Una válvula o tubo de diámetro pequeño que restringe el flujo de líquido.

Equipo de recuperación dependiente del sistema (pasiva)
Equipo de recuperación del refrigerante que requiere la asistencia de componentes contenidos en un aparato para sacar el refrigerante del aparato.

Estratósfera
La atmósfera entre 7 y 30 millas por encima de la tierra donde una capa de ozono filtra la luz ultravioleta dañina.

Evacuar
Retirar el aire (gas) y humedad de un sistema de refrigeración o sistema de aire acondicionado.

Evaporación
La conversión de un líquido a vapor o gas.

Evaporador
Una bobina de tubería en la cual el líquido volátil se vaporiza, absorbiendo el calor.

Filtro-secador
Un dispositivo diseñado para eliminar la humedad, el ácido u otras impurezas del refrigerante.

Flúor
Un elemento químico gaseoso o líquido. Es un miembro de la familia de los hálidos. Abreviatura: F.

Fluorocarbono
Una molécula que contiene átomos de flúor y carbono.

Fosgeno
Un gas venenoso que se forma cuando los refrigerantes de hálido se queman.

Fraccionamiento
Cuando uno o más refrigerantes de la misma mezcla gotean a una velocidad más rápida que otros refrigerantes en la mezcla, cambiando la composición de la mezcla. *El fraccionamiento es posible solo cuando el líquido y vapor existen al mismo tiempo.*

Freón
La marca comercial para la familia de los refrigerantes de fluorocarbono fabricados por DuPont Company.

Gas no condensable
Gas que no cambia a un líquido en las temperaturas de funcionamiento y presión y por consiguiente no se puede condensar.

Gas sobrecalentado
Un gas que se ha calentado hasta una temperatura superior a su temperatura de ebullición.

Halogenar
Causar que algunos otros elementos se combinen con un halógeno.

Halógeno
Cualquiera de los cinco elementos no metálicos químicamente relacionados que incluyen flúor, cloro, bromo, yodo y astato.

HCFC parcialmente halogenado
Cuando no todos los átomos de hidrógeno en una molécula de hidrógeno se reemplazan por los átomos de cloro o flúor.

Hermético
Totalmente sellado, especialmente contra el escape o la entrada de aire. En las aplicaciones de HVACR, significa sellado por empaques o soldaduras, como en los compresores de refrigeración.

Hervir
Cambiar de un líquido a un vapor.

Hidrocarbono
Una molécula que contiene átomos de hidrógeno y carbono. Un compuesto orgánico que solamente contiene hidrógeno y carbono.

Hidroclorofluorocarbonos (HCFC)
Moléculas creadas cuando algunos de los átomos de hidrógeno en una molécula de hidrocarbono se reemplazan por los átomos de cloro o flúor. Debido a que tienen una vida más corta que los CFC, los HCFC son menos dañinos que los CFC para la capa de ozono estratosférica.

Hidrofluorocarbonos (HFC)
Moléculas creadas cuando algunos de los átomos de hidrógeno en un hidrocarbono se reemplazan por flúor. Debido a que los HFC no contienen cloro, no destruyen la capa de ozono pero contribuyen al calentamiento global.

Hidrostáticamente comprobado
Un proceso utilizado para revisar los puntos de ruptura de los cilindros o tanques (recipientes de presión). Ellos están llenos de líquido, cerrados herméticamente, sujetos a una presión calibrada.

Higroscópico
Absorbe y retiene fácilmente la humedad desde la atmósfera.

HVAC
Calefacción, ventilación, aire acondicionado.

Impacto de advertencia equivalente total (TEWI)
Una unidad de medida que evalúa el efecto total que los CFC, HCFC y HFC tienen en el calentamiento global.

Incompatible
No apto para usarlo con otro elemento; no en armonía o acuerdo.

Indicador de humedad
Un instrumento utilizado para medir el contenido de humedad de un refrigerante.

Índice de eficiencia de energía estacional (SEER)
Una medida de la capacidad de enfriamiento.

Inerte
Un químico inerte es uno que no muestra ninguna actividad química excepto bajo condiciones extremas. Por ejemplo, el nitrógeno es relativamente no reactivo.

Insuficiencia de carga
Un sistema de refrigeración que tiene poco refrigerante.

Isómeros
Moléculas que tienen las mismas cantidades de los mismos átomos, pero los átomos están dispuestos de manera distinta en su estructura. Aunque los isómeros del mismo compuesto tienen cantidades iguales de átomos del mismo elemento, ellos tienen propiedades físicas muy distintas.

Lado de succión:
El lado de baja presión de un sistema de refrigeración, desde la válvula de medición hasta la entrada del compresor.

Lado inferior
El lado de baja presión de un sistema de refrigeración, desde la salida del dispositivo de medición hasta la válvula de succión del compresor.

Lado superior
Cualquier parte de un sistema de refrigeración sometido a alta presión; esa sección de un sistema de refrigeración que inicia en la descarga del compresor y se extiende al dispositivo de medición.

Libras por pulgada cuadrada (PSI)
Una unidad de presión igual a la presión resultante de una fuerza de 1 libra aplicada uniformemente sobre un área de 1 pulgada cuadrada.

Libras por pulgada cuadrada, absoluta (PSIA)
Medición de presión que inicia con la presión atmosférica, luego agrega la presión que se está midiendo. Ejemplo: 14.7 + PSIG = PSIA

Libras por pulgada cuadrada, medidor (PSIG)
Presión medida en un manómetro (medidor).

Línea de descarga
La línea entre el puerto de descarga del compresor y condensador. También se conoce como la línea de gas caliente.

Línea de líquido
Tubería de refrigerante que se extiende desde la salida del condensador hasta el dispositivo de medición.

Línea de succión
Tubería del refrigerante desde la salida del evaporador hasta la entrada del compresor.

Líquido
El estado de la materia que toma la forma de su contenedor, excepto por la superficie superior que es horizontal; un estado líquido.

Lubricante
Cualquier sustancia que reduce la fricción.

Malignidad
Masa anormal del crecimiento del nuevo tejido que no tiene ninguna función en el cuerpo y que amenaza la vida o la salud.

Manifold medidor
Una herramienta en la cual los medidores, válvulas y líneas se instalan para detectar las presiones en varias partes de un sistema de refrigeración.

Medidor de compresión (Medidor de lado superior)
Un dispositivo utilizado para medir presiones arriba de la presión atmosférica, en libras por pulgada cuadrada.

Medidor de compuesto (Medidor de lado inferior)
Un dispositivo que detecta y mide las presiones por arriba y por debajo de la presión atmosférica (0 psig).

Medidor de micrones
Un instrumento que mide los vacíos muy altos en miles de milímetros.

Medidor, vacío
Un medidor que mide las presiones por debajo de la presión atmosférica.

Mezcla casi azeotrópica
Una mezcla que actúa muy parecido a un azeótropo, pero tiene un

cambio pequeño en la composición volumétrica y variación de temperatura a medida que se evapora y condensa.

Mezcla

Una mezcla de dos o más componentes que no tiene una proporción fija entre sí y que, aunque están bien mezclados, conservan sus características químicas individuales. A diferencia de los compuestos, las mezclas se pueden separar por métodos físicos como la destilación. *Los ejemplos son los refrigerantes mezclados azeotrópicos y casi azeotrópicos.*

Migración del refrigerante

La condensación del vapor del refrigerante en el punto más frío en el sistema durante el ciclo de apagado, por lo general ocurre en el compresor.

Mirilla de cristal

Un puerto transparente (en la línea de líquido) que permite la observación interna de un sistema cerrado.

Miscible

Capaz de mezclarse en todas las proporciones.

Modificar

Proporcionar nuevo equipo o partes que no estaban disponibles cuando un dispositivo o sistema se fabricó primero.

Molécula

Una configuración estable de átomos que están juntos por las fuerzas electrostáticas y electromagnéticas. Una molécula es la unidad estructural más simple que muestra las propiedades características físicas y químicas de un compuesto.

Nitrógeno

Un gas incoloro, inodoro, relativamente inerte utilizado para hacer pruebas de presión y purgar la tubería del refrigerante.

No miscible

Cuando dos sustancias, tales como el aceite y el agua, no se pueden mezclar.

Nomenclatura

Un sistema de términos o símbolos especiales, como los que se utilizan en la ciencia. El sistema de numeración utilizado para nombrar diferentes refrigerantes. La nomenclatura viene de la palabra en latín “nomenclador”, un esclavo que acompañaba a su amo para decirle los nombres de las personas que conocía.

Orgánico

Algo derivado de los organismos vivientes.

Orificio
Una abertura o agujero; una entrada o salida.

Oxidación
Cualquier reacción química donde una sustancia proporciona electrones como cuando una sustancia se combina con el oxígeno. *La combustión es un ejemplo de la oxidación rápida; la corrosión es un ejemplo de la oxidación lenta.*

Oxidar
Una reacción química corrosiva ocasionada por la exposición al gas oxígeno; como el óxido (óxido de hierro) u óxido de cobre (que se forma sobre o dentro de la tubería de cobre).

Ozono
O_3; una forma de oxígeno creada por la descarga eléctrica en el aire; utilizada para eliminar los olores, pero es tóxica en concentración.

Permeabilidad
Capacidad de un objeto o sustancia de ser penetrada.

Polialquilenglicoles (PAG)
Un lubricante para refrigeración muy higroscópico para usarlo con los refrigerantes HFC. Se utiliza con frecuencia en sistemas de aire acondicionado para vehículos al usar refrigerantes HFC. Los PAG son incompatibles con el cloro y tienen pesos moleculares muy altos.

Polímero
Una molécula grande formada de una cadena de moléculas más pequeñas y más simples.

Poliolesteres
Los poliolesteres tienen alcoholes de neopentano de cinco carbonos estables, que cuando se mezclan con los ácidos grasos forman la familia de poliolesteres. Un lubricante sintético popular para usarlo con los refrigerantes HFC. Se usó como lubricante para motores de aviones durante años.

Presión
La fuerza que ejerce un líquido sobre su contenedor, por área de unidad.

Presión absoluta
La fuerza de un gas contra una superficie, medida en libras por pulgada cuadrada. Igual a la presión manométrica más 14.7 (presión atmosférica).

Presión atmosférica
La presión ocasionada por el peso del aire que está arriba de cierto

punto. La presión atmosférica normal a nivel del mar es casi de 14.7 libras por pulgada cuadrada.

Presión de condensación
La presión con la cual un vapor se disuelve.

Presión de descarga
Presión del refrigerante en la salida del compresor.

Presión de elevación
La presión del lado superior en un sistema de refrigeración; presión desde la descarga del compresor hasta el dispositivo de medición.

Presión de funcionamiento
La presión normal del refrigerante durante un ciclo de funcionamiento de la unidad.

Presión de succión
La presión del refrigerante en la línea de succión, en la entrada del compresor.

Presión de vapor
Presión aplicada a un líquido saturado.

Presión del lado inferior
Contrapresión; la presión del lado de succión de un sistema de refrigeración.

Presión del medidor
Una escala de presión del líquido en la cual la presión atmosférica es igual a cero libras y forma un vacío igual a 30" mercurio.

Presión saturada
La fuera en un recipiente de presión que coincide con la temperatura de determinada gas contenido en una condición donde cualquier calor eliminado ocasionaría condensación y el calor agregado provocaría la evaporación.

Presión, saturación
En determinada temperatura, la presión con la cual un líquido y su vapor o un sólido y su vapor pueden coexistir en un equilibrio estable.

Presurizar
Introducir refrigerante o gas inerte en un sistema para revisar las fugas.

Propiedad
Sola posesión de la propiedad, un negocio, artículo de trabajo o un objeto que extiende los derechos de propiedad legales. De las palabras en latín que significan "propiedad y "posesión".

Protocolo de Montreal
Un acuerdo firmado en 1987 por los Estados Unidos y otros 22 países,

el cual se actualizó varias veces desde entonces para controlar las liberaciones de sustancias que reducen el ozono (ODS, por sus siglas en inglés) tal como CFC y HCFC y eventualmente descontinuar su uso.

Psi
Libras por pulgada cuadrada.

Psia
Libras por pulgada cuadrada, absoluta.

Psig
Libras por pulgada cuadrada, medidor.

Pulgada de mercurio (Hg)
Unidad de medición de presiones debajo del cero psig (atmosférica); igual a aproximadamente 0.5 psi.

Punto de burbuja
La temperatura del líquido a cierta presión de un refrigerante que tiene una variación de temperatura tangible.

Punto de ebullición
La temperatura de ebullición de un líquido.

Punto de rocío
La temperatura del vapor a cierta presión de un refrigerante que tiene una variación de temperatura tangible.

Radiación ultravioleta
Radiación en la parte del espectro electromagnético donde las longitudes de ondas son más cortas que la luz violeta visible pero no más largas que los rayos X. La radiación UV provoca cáncer.

Receptor
Un componente del sistema de refrigeración instalado en la línea de líquido. Está diseñado para hacer un espacio para el flujo del refrigerante líquido debido a la acción de cierre de un dispositivo de medición de autoregulación.

Reciclaje
El proceso de filtrar el refrigerante recuperado para reducir los niveles de contaminantes.

Recipiente de presión
Un dispositivo de retención que mantiene cierta "fuerza por unidad de área". Ejemplo: Cilindro refrigerante.

Recuperación
El proceso de retirar el refrigerante de un sistema, tal y como está y colocarlo en un contenedor.

Reducción del ozono

Sucede cuando la radiación "C" ultravioleta en la estratósfera separa los refrigerantes CFC y HCFC en sus elementos atómicos: átomos de cloro, flúor e hidrógeno. Los átomos de cloro reaccionan a esto y destruyen el ozono estratosférico, que protege la vida humana y otras formas de vida en la tierra contra la radiación "A y B" ultravioleta dañina del sol.

Refrigeración

Proceso de enfriamiento al eliminar el calor.

Refrigeración comercial

El equipo de refrigeración utilizado en los sectores de bodegas de almacenamiento en frío y sectores minoristas de alimentos.

Refrigerante

Cualquier sustancia que transfiere el calor de un lugar a otro, creando un efecto de enfriamiento.

Refrigerante virgen

Refrigerante nuevo, original, no reciclado o recuperado.

Regular

Reducir o cerrar el flujo de líquido.

Relación de compresión

La relación de la presión de descarga absoluta del compresor con la presión de succión absoluta.

Relación presión-temperatura

La relación constante, predecible entre la presión y temperatura de determinada mezcla de líquido y gas bajo condiciones saturadas. (Vea el punto de burbuja y rocío)

Residuo

Una sustancia que se queda al final de un proceso. Por ejemplo, el *aceite residual* es el producto de aceite de grado bajo que queda después de que la gasolina se destila.

Respiradero

Una abertura que permite el escape de los gases no deseados.

Sellado herméticamente

Cualquier objeto o sustancia confinados en un contenedor hermético. Un sistema de refrigeración está herméticamente sellado.

Sintético

Producido artificialmente. En química, que forma un compuesto de sus partes.

Sistema de división
Un sistema de aire acondicionado en el cual el evaporador y la unidad de condensación están ubicados por separado.

Sistema de recuperación autocontenida (activa)
Tiene sus medios para sacar el refrigerante del sistema.

Sobrecalentamiento
Un vapor por encima de su temperatura de saturación para determinada presión de saturación.

Solenoide
Una bobina de alambre que rodea un núcleo de hierro móvil. Cuando se aplica la corriente, el campo magnético resultante mueve el núcleo que, a su vez, puede operar un interruptor o una válvula.

Soluble
Una sustancia que se puede disolver en determinado líquido.

Solución de problemas
El proceso de observar la operación de un sistema que no funciona bien y diagnosticar la causa del mal funcionamiento.

Subenfriamiento
Un líquido por debajo de su temperatura de saturación para determinada presión de saturación.

Temperatura
La intensidad de la energía de calor según la mide un termómetro.

Temperatura absoluta
Escala de temperatura utilizando el cero absoluto (-460° F) como 0°. Las escalas Kelvin y Rankin son absolutas.

Temperatura ambiente
Temperatura del aire alrededor de un objeto. *Ambiente* proviene de una palabra en latín que significa "rodear".

Temperatura crítica
La temperatura más alta que un gas puede tener y todavía ser condensable por presión.

Temperatura de condensación
La temperatura con la cual un gas se convierte en líquido; varía con la presión.

Temperatura de ebullición
La temperatura con la cual un fluido cambia de un líquido a un gas.

Temperatura de evaporación
La temperatura con la cual un líquido se vaporizará en determinada presión.

Temperatura de saturación
Temperatura con la cual un líquido se convierte en vapor o un vapor en líquido.

Termodinámica
La ciencia del calor y de la energía.

Termómetro
Un dispositivo que mide la intensidad o temperatura del calor.

Termóstato
Un control del circuito eléctrico sensible a la temperatura.

Ternario
Que tiene tres elementos, partes o divisiones.

Tonelada (refrigeración)
La cantidad de calor absorbido para derretir una tonelada de hielo en 24 horas. Igual a 288,000 Btu por día, 12,000 Btu por hora o 200 Btu por minuto.

Tóxico
Venenoso; peligroso para la vida.

Toxicología
El estudio de los venenos, sus efectos y antídotos.

Transferencia de calor
El movimiento de la energía térmica a través de la conducción, convección o radiación.

Transición
El proceso de cambiar de un estado o forma a otro.

Tropósfera
El nivel más bajo de la atmósfera, desde la tierra hasta siete millas por arriba de la tierra, donde los rayos ultravioleta del sol reaccionan con la contaminación y smog para formar el ozono.

Tubo
Tubo de diámetro pequeño, flexible, por lo general de cobre o aluminio.

Tubo capilar
Tubería de diámetro pequeño (enrollada) que se utiliza como un dispositivo de medición en los sistemas de refrigeración. También conocido como tubo capilar.

Unidad térmica inglesa (Btu)
La cantidad de calor necesario para aumentar o disminuir la temperatura de una libra de agua a un grado Fahrenheit.

Vacío
Cualquier presión por debajo de la presión atmosférica.

Válvula de compensación
Un dispositivo que regula el flujo de gases o líquidos. Se utiliza para compensar las presiones en cualquiera de los lados de algunas de las máquinas de recuperación.

Válvula de expansión automática (AEV o AXV)
Un dispositivo de medición del refrigerante que mantiene una presión de entrada constante del evaporador.

Válvula de expansión termostática (TEV o TXV)
Una válvula que controla el flujo del refrigerante. Funciona por la temperatura y presión del evaporador.

Válvula de expansión
Un dispositivo de medición utilizado en las aplicaciones de refrigeración y aire acondicionado que separa los lados inferior y superior del sistema.

Válvula de solenoide
Un dispositivo de control que se abre y cierra por medio de una bobina energizada eléctricamente.

Válvula reguladora
Una válvula diseñada para atomizar el refrigerante líquido.

Válvula Schrader
Válvulas que utilizan un núcleo de válvula, como un vástago de válvula de neumático, para obtener acceso a un sistema sellado. *Las válvulas Schrader ayudar a los técnicos HVACR a recuperar el refrigerante.*

Vapor
Un gas que por lo general está cerca de las condiciones de saturación.

Variación de temperatura
Rango de las temperaturas de condensación o evaporación para una presión.

Zeótropo
Mezclas de refrigerante que cambian las temperaturas de la composición volumétrica y de saturación a medida que se evaporan o condensan a presiones constantes. Los zeótropos tienen una variación de temperatura a medida que se evaporan y condensan. (Zeótropo y no azeótropo son sinónimos)